装配式构件厂建设及预制构件标准化指南

张　方　肖克霖　主编

中国建筑工业出版社

图书在版编目（CIP）数据

装配式构件厂建设及预制构件标准化指南 / 张方，肖克霖主编. -- 北京：中国建筑工业出版社，2025. 6.
ISBN 978-7-112-31191-0

Ⅰ. TU3-65

中国国家版本馆CIP数据核字第20252XF878号

本书结合现行规范要求，通过广泛调查研究，系统地总结了装配式构件厂建设及预制构件标准化生产工艺的实践经验。全书共 11 章，包括：标准化构件厂的基本设计；组织机构配置标准；构件厂临建建设标准；厂房建设标准；管片生产设备配置标准；PC 构件设备配置标准；市政桥梁构件设备配置标准；盾构管片工艺标准；PC 构件工艺标准；市政桥梁构件工艺标准；信息化建设标准。

本书可供从事装配式构件厂建设及预制构件标准化生产工艺的设计人员和管理人员阅读使用。

责任编辑：沈文帅　张　磊
责任校对：张惠雯

装配式构件厂建设及预制构件标准化指南
张　方　肖克霖　主编
*
中国建筑工业出版社出版、发行（北京海淀三里河路 9 号）
各地新华书店、建筑书店经销
北京点击世代文化传媒有限公司制版
廊坊市海涛印刷有限公司印刷
*
开本：787 毫米 ×1092 毫米　1/16　印张：7　字数：135 千字
2025 年 6 月第一版　2025 年 6 月第一次印刷
定价：**48.00** 元
ISBN 978-7-112-31191-0
（44829）

编写委员会

主　编：

张　方　肖克霖

副主编：

曲志敏　唐建勇　李　蒙　庄值政　曾　文　张　龙
张洪语　刘继法

参编人员：

司永波　杜天石　黄天贵　张丽惠　姜　冲　卢常亘
胡平平　李　超　成长虎　刘　安　王　卿　周　伟
桂凌云　张子洋　程　斌　蒋　伟

前 言

我国正处于新型工业化和新型城镇化加速发展阶段，以装配式产业为载体，智能建造与新型建筑工业化为目标的建筑产业现代化转型升级正在高质量发展。到 2025 年我国新建装配式建筑面积将达到 16.51 亿 m^2，市场规模将达到 3.6 万亿元。根据有关研究报告显示，装配式混凝土结构、装配式钢结构、装配式木结构成为装配式建筑的主要应用体系，预制构件的需求也在与日俱增，到 2025 年，京津冀、长三角和珠三角地区预制构件需求量分别可达到 251.5 万 m^3、265.9 万 m^3 和 172 万 m^3。

我国已经构建"1+3"评价与技术标准体系，包括：《装配式建筑评价标准》GB/T 51129—2017、《装配式木结构建筑技术标准》GB/T 51233—2016、《装配式钢结构建筑技术标准》GB/T 51232—2016、《装配式混凝土建筑技术标准》GB/T 51231—2016；正在进一步完善"1+3"标准化设计和生产体系，包括：《钢结构住宅主要构件尺寸指南》《装配式住宅设计选型标准》JGJ/T 494—2022、《装配式混凝土结构住宅主要构件尺寸指南》《住宅装配化装修主要部品部件尺寸指南》，引导生产单位与设计单位、施工单位就预制部品部件的常用尺寸进行协调统一，发挥标准化引领作用，提高装配式建筑设计、生产、施工效率。但还未形成多样化、系列化具有支撑性的装配式专项技术标准体系，例如预制构件生产施工、钢筋加工等智能生产装备及其专用软硬件系统、平台的专业技术标准缺失率较高，但该部分标准非短期内能够补齐和成熟，需要有计划、系统地分工协作完成。

为此，作者结合中交一公局集团有限公司所属装配式构件厂及多个装配式工程项目的管理实践，围绕以装配式构件厂建设及预制构件标准化生产工艺为目标导向，针对不同类型的预制构件生产流程、技术标准及工艺装备等开展研究，总结了装配式构件厂建设及装配式构件标准化生产过程中的各项指标及参数要求，形成了行业领先的装配式技术标准体系，可为其他装配式构件厂建设及预制构件标准化生产工艺提供一定的借鉴经验。

本书共 11 章内容，包括：标准化构件厂的基本设计；组织机构配置标准；构件厂临建建设标准；厂房建设标准；管片生产设备配置标准；PC 构件设备配置标准；

市政桥梁构件设备配置标准；盾构管片工艺标准；PC 构件工艺标准；市政桥梁构件工艺标准；信息化建设标准。

　　书中引用了不少的优秀成果和案例，作者在此对支持本书成果落地的工程单位和技术人员表示感谢。限于作者水平，书中疏漏和不足在所难免，恳请读者及同行批评指正。

2025 年 6 月

CONTENTS

目 录

第 1 章　标准化构件厂的基本设计　　　　　　　001
　　1.1　构件厂基本设计　　　　　　　　　　001
　　1.2　构件厂设计生产能力　　　　　　　　001

第 2 章　组织机构配置标准　　　　　　　　　　004
　　2.1　组织机构配置　　　　　　　　　　　004
　　2.2　岗位职责　　　　　　　　　　　　　004

第 3 章　构件厂临建建设标准　　　　　　　　　006
　　3.1　生产区规划及总平面的布置　　　　　006
　　3.2　堆放区规划　　　　　　　　　　　　006
　　3.3　办公区、生活区规划　　　　　　　　009
　　3.4　配套工程规划　　　　　　　　　　　009

第 4 章　厂房建设标准　　　　　　　　　　　　018
　　4.1　单跨厂房尺寸　　　　　　　　　　　018
　　4.2　单跨厂房的做法　　　　　　　　　　018

第 5 章　管片生产设备配置标准　　　　　　　　020
　　5.1　钢筋加工设备　　　　　　　　　　　020
　　5.2　钢筋流水线设备　　　　　　　　　　027
　　5.3　管片生产线设备　　　　　　　　　　028
　　5.4　起重机设备　　　　　　　　　　　　030

第 6 章　PC 构件设备配置标准　　　　　　　　033
　　6.1　PC 工厂设备　　　　　　　　　　　033

6.2　工厂生产线设备　　　　　　　　　　　　　　035

第 7 章　**市政桥梁构件设备配置标准**　　　　　045
　　7.1　湿法路缘石生产线设备　　　　　　　045
　　7.2　砖机生产线设备　　　　　　　　　　050
　　7.3　市政构件生产线设备　　　　　　　　053

第 8 章　**盾构管片工艺标准**　　　　　　　　058
　　8.1　钢筋加工制作　　　　　　　　　　　058
　　8.2　管片生产　　　　　　　　　　　　　061

第 9 章　**PC 构件工艺标准**　　　　　　　　068
　　9.1　综合生产线　　　　　　　　　　　　068
　　9.2　叠合板生产线　　　　　　　　　　　074
　　9.3　内墙板生产线　　　　　　　　　　　077
　　9.4　固定模台生产线　　　　　　　　　　080

第 10 章　**市政桥梁构件工艺标准**　　　　　084
　　10.1　湿法路缘石生产线　　　　　　　　084
　　10.2　砖机生产线　　　　　　　　　　　088
　　10.3　市政构件生产线　　　　　　　　　096

第 11 章　**信息化建设标准**　　　　　　　　099
　　11.1　智脑中心及信息化系统概述　　　　099
　　11.2　信息化管理系统建设标准　　　　　100

第 1 章
标准化构件厂的基本设计

标准化预制构件厂设备包括钢筋加工设备、生产线设备、起重设备、机修设备、辅件设备、混凝土搅拌站及其他设备。本章主要介绍了构件厂厂房的建设标准及构件厂设计生产能力计算。

1.1 构件厂基本设计

1.1.1 厂房构成

标准化厂房为 4 跨钢结构厂房。项目建设主要包括：1 个多功能构件生产车间；1 个异形构件生产车间和钢筋加工车间；试验室；材料、成品等辅助储存区域；锅炉房、配电室等辅助设施、办公设施等。

1.1.2 多功能构件生产车间建设标准

（1）多功能构件生产车间的设计尺寸为：长 180 ~ 240m，每跨宽 24 ~ 27m，行车起升高度不小于 9m，钢结构厂房，地面硬化处理，硬化层厚度不低于 200mm。生产线振动系统工位及蒸养房工位地面需做地基处理。

（2）多功能生产线采用循环流水步距进行生产，模台运行工位为双线并排布置，利用摆渡系统实现双线之间的流水作业，蒸养房设在流水线的末端。

（3）生产线按照模具清理、输送、布料、振捣、养护、脱模等生产工艺，采用自动和手动两种控制方式进行运作。

（4）车间外侧单独设 $25m^3/h$ 搅拌站供应混凝土。

1.2 构件厂设计生产能力

1.2.1 PC 构件厂设计生产能力

（1）多功能构件生产线车间：构件生产线运行节拍按照 15min 设计，每天 1 班生产，每班 10h。根据生产组织和循环模具的数量，生产线的机械设计能达到连续 1 班，并按 300 工作日 / 年的要求。可以实现最高 160 余块叠合板或墙板的日产量，年产量可达 48000 余块。

按年产量 48000 块，300 工作日 / 年计算，每天需生产 48000/300=160（块）；模台尺寸按 3.5m×9m 考虑，根据一般构件设计尺寸，平均每块模台可放置 4 块构件，这样每天需要生产 160/4=40（块）模台；每天按照 1 班 10h 考虑，每小时需要生产 40/10=4（块）模台。综上所述，选择生产线的节拍时间为 15min，即每小时完成 4 个模台的作业。

（2）阳台构件采用台座法生产，车间内布置 80 个阳台构件生产台座，每天两班生产，每班 12h，可以实现每天 160 块的日产量，年最大产量为 48000 余块。

（3）楼梯构件采用台座法生产，车间内布置 120 个楼梯构件生产台座，每天两班生产，每班 12h，可以实现每天 240 块的日产量，年最大产量为 72000 余块。

（4）设计生产能力：配备一条叠合楼板专用自动化流水线，一条墙板生产线及一条固定模台生产线，构件厂年生产能力可达到 15 万 m^3。

（5）人员需求：包括管理人员及操作工人，满负荷生产所需人员约 300 人。厂区人员需求见表 1.2-1。

厂区人员需求　　　　　　　　　　　　　　　　　表 1.2-1

序号	岗位	人数	备注	序号	岗位	人数	备注
1	厂长	1		15	水暖工	2	双班
2	生产管理	4	双班	16	司炉工	2	双班
3	技术质检主管	1		17	钢筋班长	2	双班
4	设备物资主管	1		18	钢筋加工	10	双班
5	安全管理员	2		19	钢筋绑扎	60	双班
6	技术员（构件生产）	2	双班	20	生产线操作工	4	双班
7	质检员	6	双班	21	搅拌站操作工	2	双班
8	实验员	2	双班	22	室外龙门吊工	4	双班
9	设备管理维修	2		23	叉车司机	2	双班
10	采购员	2		24	铲车司机	2	双班
11	库管员	4	双班	25	生产线班长	5	双班
12	设备维修班长	1	双班	26	生产线工人	152	双班
13	维修工	4	双班	27	其他人员	20	双班
14	电工	4	双班				

（6）工厂建设周期：一般为 6～10 个月，包括设备安装、调试和工厂验收、投产等，工厂建设时间见表 1.2-2。

工厂建设时间　　　　　　　　　　　　　　表 1.2-2

序号	实施项目	时间（月）	管理活动
1	项目可行性研究	0.5	组织编制可行性研究报告
2	立项审批	0.5	申报立项及审批
3	土地整理	1	组成工作班子推进各项工作
4	土建施工	2	新工厂管理机构成立运行并具备生产条件
5	设备采购及进场	2	
6	设备安装调试	1	
7	工厂验收及投产	1	

1.2.2　盾构管片设计生产能力

（1）构件生产线运行节拍按照 15min 设计，每天 2 班生产，每班 12h。根据生产组织和循环模具的数量，生产线的机械设计产能达到连续 2 班，并按 300 工作日 / 年的要求。可以实现最高 80 余块盾构管片日产量，年产量可达 24000 余块。

（2）人员需求：包括管理人员及操作工人，满负荷生产所需人员约 225 人。

（3）工厂建设周期：一般为 6 ~ 8 个月，包括设备安装、调试和工厂验收、投产等。

02

第 2 章
组织机构配置标准

本章主要介绍构件厂组织机构配置和岗位职责。

2.1　组织机构配置

组织机构配置见图 2.1-1。

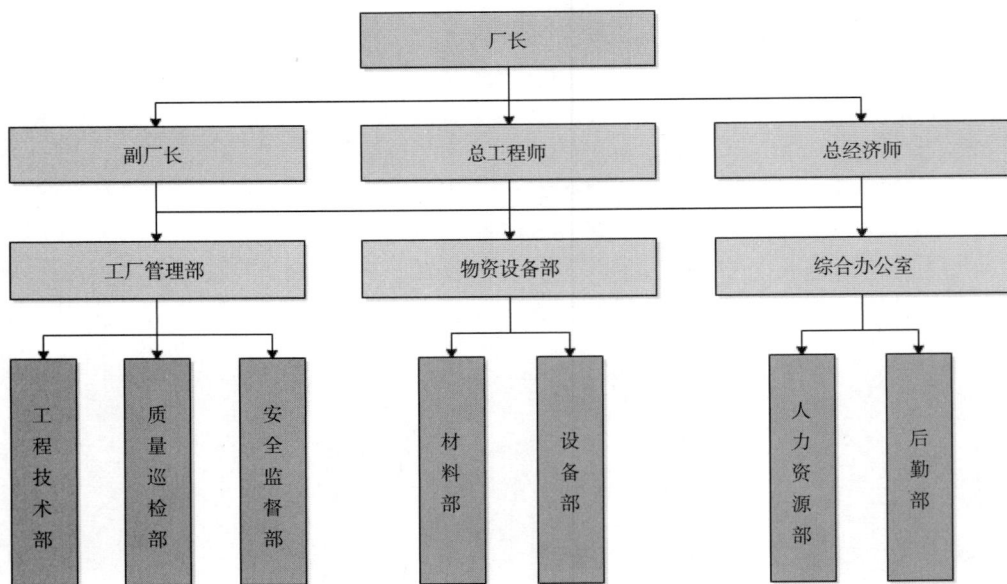

图 2.1-1　组织机构配置

2.2　岗位职责

岗位职责见表 2.2-1。

岗位职责

表 2.2-1

序号	岗位人员 / 部门	主要职责
1	厂长	①全面主持工作，全面履行项目合同，对工程质量、安全、进度和成本控制全面负责； ②负责构件厂内部行政管理工作
2	总工程师	①主持制定构件厂有关的科研课题和"四新"推广应用，并组织实施； ②组织成立 QC 攻关小组并开展攻关活动
3	总经济师	负责项目成本管理，组织编制施工预算和落实成本控制措施，组织成本核算和分析总结，在经济活动中，当好厂长的助手和参谋，在重大经济活动中，事先为厂长收集并提供有关资料和决策方案
4	副厂长	①对构件厂的安全生产负直接领导责任，把安全生产列入议事日程，做到"管生产，必须管安全"； ②在计划、布置、检查、总结、评比生产的同时，把安全工作贯彻到每一个环节中去； ③定期召开安全例会、定期组织安全检查，针对问题采取措施，确保安全生产
5	工程技术部	①组织设计文件会审，编制实施性施工组织设计和技术交底； ②组织重点技术难题攻关，检查指导作业工区的技术工作； ③负责工程测量、监测、试验、隐蔽工程的检查评定，配合设计、监理工作； ④管理变更洽商，建立技术及质量管理日志，做好项目技术档案管理工作； ⑤掌握构件生产进展情况，归纳分析影响进度的因素，并提出改进措施，编制年、季、月施工计划，监督计划执行情况； ⑥资料、档案、设计变更管理
6	物资设备部	①负责材料和设备订货、租赁，分类保管好材料、机电设备的资料和报告证件等，建立管理台账，做好各项材料消耗和库存统计工作； ②控制项目成本，制定（限）额发料标准和机械台班内部租赁收费标准，办理材料、机械成本核算和费用结算； ③负责设备的检查验收和管理； ④负责与总承包部物资设备部沟通
7	安全监督部	①根据工程质量总目标，制定质量监督管理网络； ②评定原材料和设备； ③进行施工质量检查，隐蔽工程的检查评定，参与业主、监理部门的质量抽查和质量监测质检，对工程产品的最终施工质量负责； ④从事施工安全检查、安全培训教育、文明施工、环境保护等工作，对施工安全、环境保护和文明施工负责
8	质量巡检部	①负责工程试验、隐蔽工程的检查评定，配合设计、监理工作； ②管理工程施工质量，建立质量管理日志，做好项目质量档案管理工作； ③负责与业主、监理对接，做好分部分项划分，编写质量检验评定资料，建立相关台账
9	综合办公室	综合办公室是构件厂的综合协调部门，主要负责构件厂的对外联络、文秘、人事劳资、治安保卫以及内部行政事务

03

第3章
构件厂临建建设标准

3.1 生产区规划及总平面的布置

（1）功能区域规划：分为生产区、堆放区、办公生活区三大区域，做到区域规划合理，占比合理，使厂区产能最大化。

（2）给水排水综合规划：做好消防、给水、污水、雨水收集、雨水利用、喷雾降尘、蒸汽管道、车辆冲洗及道路冲洗的各类管（沟）整体规划。

（3）综合管线规划：做好生产生活用电、路灯、通信、监控、局域网、围墙亮化、地磅及控制室的各类管线整体规划，与给水排水各类管（沟）合理交叉避让。

（4）厂区绿化规划：根据当地对绿化率及停车位数量的要求，做好厂区内的整体绿化，停车位采用生态停车位。

（5）附属设施规划：做好厂区道路、围墙、配电室、锅炉房、门卫室、地磅室、雨水收集池、出入大门等各附属设施的整体规划。

3.2 堆放区规划

车间内原材料堆放区、半成品堆放区、钢筋笼存放区、废料处理区、管片临时存放区等应科学合理设置，功能明确，标识清晰。

（1）原材存放区

钢筋原材存放区（图 3.2-1）设计尺寸为：长 75m，宽 22m，占地面积 1650m^2。所存放钢筋至少满足 11d 满负荷生产需要。

原材料保持干燥并做相应标识，按型号、类别登记入册，以便查询。

（2）半成品存放区

与钢筋加工区相对，在车间另一侧，长 72m，宽 8m，占地面积 576m^2。

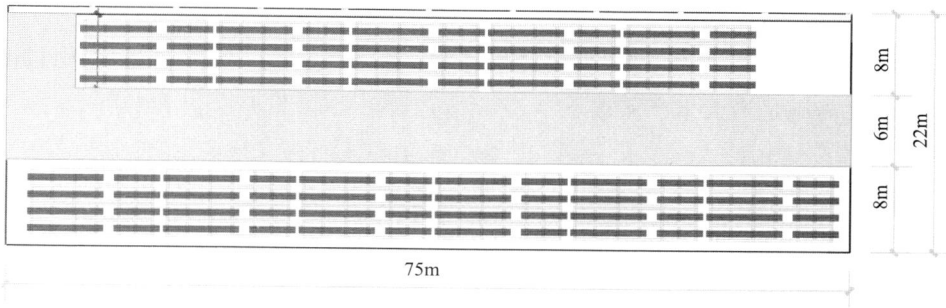

图 3.2-1　钢筋原材存放区示意图

所有半成品钢筋需存放在工装上，并分类标识、存放，半成品存放区示意图见图 3.2-2。

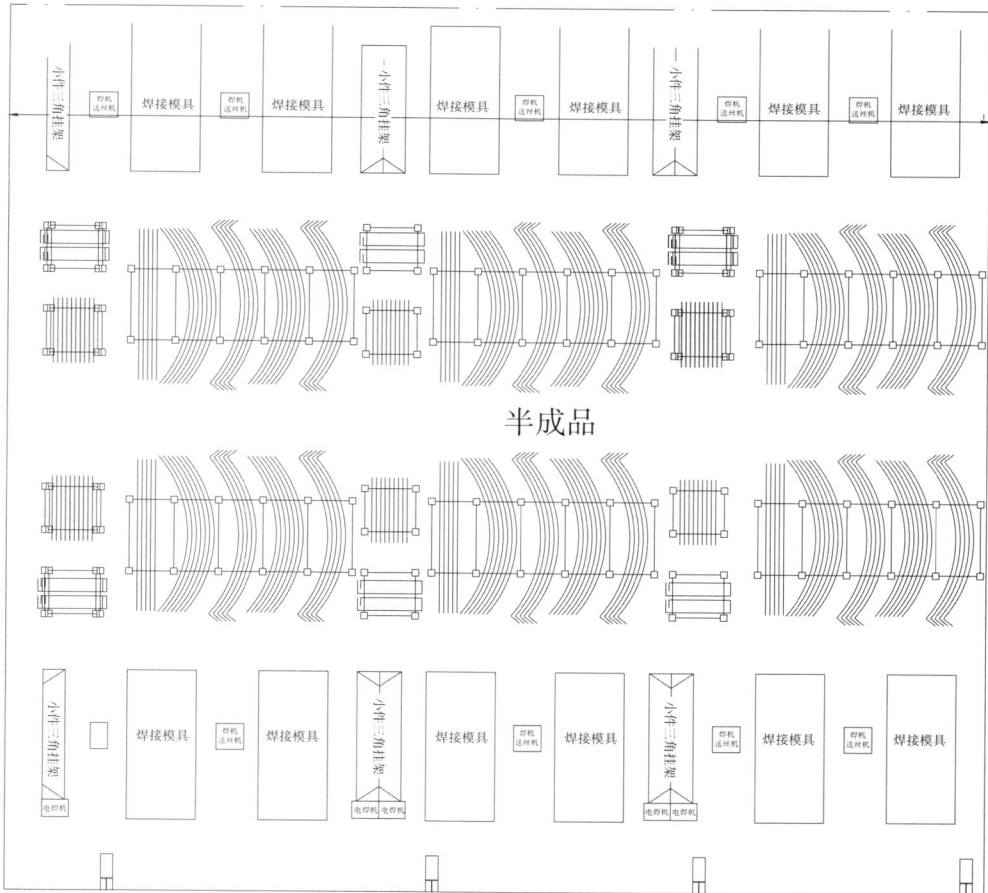

图 3.2-2　半成品存放区示意图

（3）管片临时存放区

管片临时存放区（图 3.2-3）设计尺寸为：长 46m，宽 14m，占地面积 644m^2。所存放管片需满足当天生产需求。

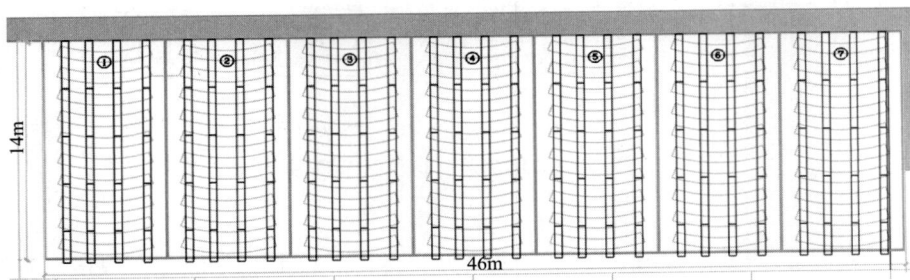

图 3.2-3　管片临时存放区示意图

（4）水养区

水养区（图 3.2-4）根据管片日产量及水养要求设计。池底板、池壁采用 C30、P6 混凝土，厚度至少为 40cm，且池壁厚度不应小于池壁高度的 1/10。当水养池壁长于 15m 时，应在池壁中设置暗柱以加强池壁强度，配置 2 台双悬臂 25t 门式起重机。

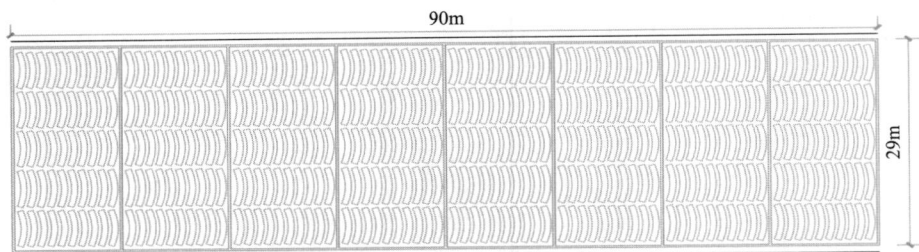

图 3.2-4　水养区示意图

（5）管片堆放场

管片堆放场（图 3.2-5）宽度为 25m，长度为 80～120m。管片堆放场地应坚实平整，管片宜采用内弧面向上平放（不宜超过 4 层）或立面存放（不宜超过 3 层），管片之间使用垫木分隔，各层垫木应保持在同一竖直线上，每个堆场配置 1 台单悬臂 25t 门式起重机。

堆场存放时宜分区分环存放，方便后期出厂。

管片仰放时，长边间距不宜小于 60cm，短边间距不宜小于 50cm。

管片立放时，每片间距不宜小于 50cm。

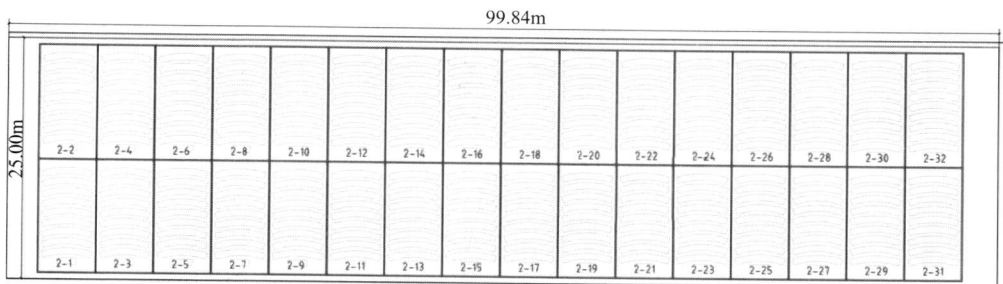

图 3.2-5　管片堆放场示意图

（6）砂石料仓

砂石料仓分为砂石原料仓、砂石清洗区、拌和站料仓三部分，长 246m，宽 43m，总面积 10578m²，可存储 8000m³ 的砂及 9500m³ 的碎石，可满足 22.5d 使用量。

材料、成品等辅助储存区域说明：

材料储存区域主要用于钢材储存、砂石料储存、成品储存，分为三个场区，每个成品堆场区域配置一台 16t 龙门吊。

3.3　办公区、生活区规划

（1）办公区、生活区配置标准按照《城市房建工程安全文明施工标准化实施细则》（一公局办发〔2020〕657 号）相关要求执行。

（2）办公生活区要独立封闭，内设停车位，并做好区域内绿化。

（3）办公生活区总占地面积不得大于总用地面积的 7%。

（4）办公楼、宿舍楼的设计要简单、大方、实用。

（5）职工宿舍与食堂应与工人宿舍与食堂分开设置。

3.4　配套工程规划

3.4.1　配电系统规划（包含配电室）

（1）厂区配电应出具厂区电力线路平面布置图和用电系统图。

（2）动力线路均采用套管暗敷设，套管采用厚壁镀锌钢管。

（3）配电室应包括高压配电室、变压器室、低压配电室及发电机房。配电室为永久性建筑，结构形式采用砖混结构，进深为 3.6m，开间分别为 5.0m、3.4m、7.1m、5.0m。开间尺寸可根据实际配电情况调整。建筑高度为 3.4～3.6m（一面坡排水）。

3.4.2　水系统规划

1. 给水系统

（1）给水系统应出具给水系统管线平面位置布置图。

（2）给水系统管道采用 PE 管，采用热熔或法兰连接。

（3）所有给水管道采用暗敷设，埋设在厂区地面及道路下方的管道应增设镀锌厚壁钢套管；在厂房地面及道路地面硬化前，做好给水管道的预留。

2. 排水系统

（1）室内外排水采用砖砌排水沟＋混凝土预制盖板的形式进行排水。

（2）室外排水沟与雨水收集池连通，进行雨水的收集，排水沟每 150m 设一个溢水沟，排向厂区外雨水管网。

（3）埋设在厂区地面及道路下方的排水沟采用混凝土涵管暗敷设。

（4）混凝土搅拌设备、构件冲洗用水设置三级沉淀池，并与排水沟连通。

3. 消防系统

（1）消防系统分为室外消防系统和室内消防系统。

（2）消防系统应出具消防管道平面布置图和消防系统图（图 3.4-1）。

（3）消防系统应采用环形布置，消防系统应有 2 处供水口。

（4）室外消防水源直接采用市政自来水，当压力不满足要求时，设一台增压泵。室内消防系统水源采用消防水池供给，消防水池与雨水收集池同步规划设计。

（5）消防系统主管道采用 PE 管，采用暗敷设，过路处增加镀锌厚壁钢套管，室外消火栓采用地上式干管安装，室内消防给水管道采用内外壁热镀锌钢管（承压 ≥ 2.00MPa）。

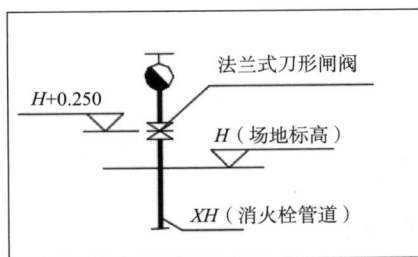

图 3.4-1　消防系统

4. 污水系统

（1）污水系统应出具排污线路平面布置图。

（2）污水系统包括生活污水、冲洗污水和试验室污水。

（3）生活污水通过化粪池、隔油池沉淀后，排向市政排污管道。

（4）冲洗污水通过三级沉淀池沉淀后，清水进入排水沟，流向雨水收集池。

（5）试验室污水直接通过管道排向市政污水管网。

5. 雨水利用系统

（1）雨水利用系统应出具雨水收集和利用管线布置平面图。

（2）雨水收集池蓄水量不得小于 2000m³。

（3）雨水收集池设置溢水口，通过管道与厂区外雨水管道连通。

（4）雨水利用系统配置恒压泵和水位监视装置，确保雨水随时利用。

（5）雨水可用于拌和站用水、设备冲洗用水、道路地面冲洗用水、构件冲洗用水、绿化用水、喷雾降尘用水、车辆冲洗用水。

（6）雨水利用处，同时布置自来水的供给，采用双系统给水，确保无雨水时能正常工作运转。

6. 喷雾降尘系统

（1）喷雾降尘系统应出具管线和喷雾装置平面布置图。

（2）喷雾点的数量根据选型的设备喷雾半径，通过计算来确定。

（3）喷雾用水的水源采用雨水利用和自来水双系统配置。

（4）喷雾降尘的管线均采用预埋暗敷的形式，过路处增加厚壁镀锌钢套管。

（5）喷雾降尘系统配备智能控制系统。

7. 车辆冲洗系统

（1）车辆出入口处设置全自动冲洗平台。

（2）冲洗用水的水源采用雨水利用和自来水双系统配置。

（3）冲洗平台处设三级沉淀池，并与排水沟连通，沉淀后的清水回收至雨水收集池，循环利用。

8. 道路冲洗系统

（1）道路冲洗系统（图 3.4-2）应出具系统管线规划平面布置图。

（2）冲洗水源采用收集的雨水。

（3）沿道路一侧布置雨水利用给水管，每隔 50m 设一取水口，用于取水进行道路的冲洗。

9. 蒸汽管道系统

（1）根据锅炉房和养护窑的位置，合理规划蒸汽管道的走向位置，并出具规划图。

（2）蒸汽管道在室外贯穿路面时，采用架空布置，不得暗敷地下，架空高度不低于 5m。

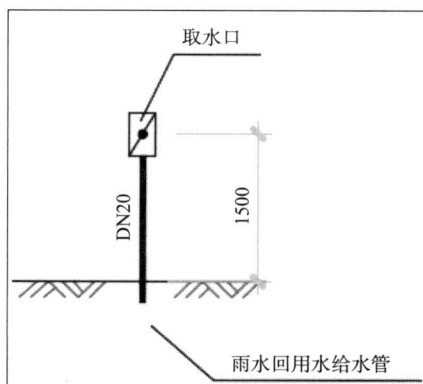

图 3.4-2　道路冲洗系统示意图

（3）厂房内侧的蒸气管道沿厂房钢结构立柱布置，不得横跨车间。

（4）根据生产线工艺需要，设置相应的分汽包。

（5）蒸汽管道采用无缝钢管，由专业人员焊接连接，管外侧敷设保温材料。

3.4.3　试验室

试验室（图3.4-3）标准化旨在促进建设标准化、管理精细化、工作流程化、设备自动化、数据信息化等，试验室场地宜高于原地面50cm，便于排水，设置排水沟连通附近专用排水管道。驻地周边设置围栏，各检测室位置根据建设场地情况本着科学、适用、操作方便、布局合理的原则进行规划，有效使用面积不低于200m²。

构件厂试验检测中心总占地面积为290m²，设有标准养护室、混凝土室等10个功能室。

图3.4-3　试验室

1. 力学室

力学室（图3.4-4）总面积不应小于30m²，主要仪器设备为万能材料试验机、压力试验机等，仪器配备量程需满足检测需求，采用全自动电脑控制，数据自动采集上传管理系统，避免人为因素干扰，底座必须通过预埋螺栓固定，保证使用过程中的安全性。

2. 标准养护室

标准养护室总面积不小于35m²，主要仪器设备为全自动恒温恒湿控制系统，加湿系统采用大功率超声波加湿器，标准养护室所有电器设备采用防水电器，照明电源电压不高于12V。

图 3.4-4　力学室

3. 混凝土室

混凝土室（图 3.4-5）总面积不小于 20m²，主要仪器设备为单卧轴强制式混凝土搅拌机，抗渗试验主机。混凝土翻拌池底面为 5mm 钢板，设置一定斜坡，便于清洗排污，室外设置沉淀池。室内设置储料隔仓，便于试拌验证混凝土工作性能。

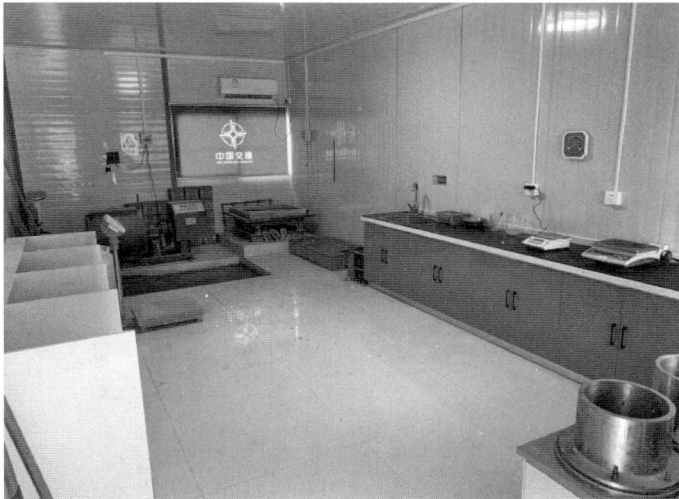

图 3.4-5　混凝土室

4. 胶凝室

胶凝室（图 3.4-6）总面积不小于 15m²，主要仪器设备为水泥净浆搅拌机、水泥胶砂搅拌机、水泥胶砂振实台，水泥胶砂养护箱、室内控温控湿设备、全自动抗折抗压一体机，具备自动采集数据上传管理系统功能，振实台下必须设置厚度不小于 5mm 的橡胶板进行隔振处理，检测期间温湿度必须满足要求。

图 3.4-6　胶凝室

5. 集料室

集料室（图 3.4-7）总面积不小于 15m²，主要仪器设备为砂石套筛、摇筛机、静水天平、容量瓶、压碎指标测定仪、烘箱等，集料室操作平台应足够大，满足筛分操作需求。

图 3.4-7　集料室

6. 化分室

化分室（图 3.4-8）总面积不小于 20m²，主要仪器设备为化学试验专用三联水龙头、酸性（碱性）废液用储存罐、恒温水槽、化学药品柜（配备双锁）、负压筛析仪、控湿设备，室内可设套间（天平室和高温室），分析天平与比表面积仪共用，高温炉与沸煮箱共用。

图 3.4-8　化分室

7. 留样室

留样室（图 3.4-9）总面积不小于 $15m^2$，主要为胶凝材料的（水泥、矿物掺合料）留样复查，保存期限不低于 3 个月，采用高刚度货架和专用留样桶，留样桶内使用自封袋密封防潮，桶盖使用封条，留样信息齐全。

图 3.4-9　留样室

8. 试验办公室

试验办公室（图 3.4-10）总面积不小于 35m²，并根据面积大小配备相应的空调，保证每人独立办公，互不干扰，有舒适的工作环境，配备打印、扫描、复印等办公设备。

图 3.4-10　试验办公室

试验室说明：

建立试验室，实现主要原材料及生产过程的检验与记录，试验室可实现对钢筋强度、混凝土强度等主控项目的自动测量和记录，不能人工干预，可实现每个构件关键数据的可追溯性。

3.4.4　锅炉房

（1）锅炉房（图 3.4-11）的尺寸由锅炉厂家提供。

图 3.4-11　锅炉房

（2）锅炉房结构选用钢结构，并由相应设计资质的单位出具施工图。

（3）锅炉选用油气两用锅炉。

（4）做好储油罐和燃气管道的预留预埋。

3.4.5　门卫室及大门

（1）门卫室建筑面积为 12 ~ 15m²，采用框架结构。

（2）大门采用 1.5m 高的伸缩门，外侧设智能化起车杆。

（3）铭牌墙外侧设地灯进行亮化。

（4）门卫室应干净整洁，地面为瓷砖地面，墙面悬挂门卫责任制度牌，尺寸为 500mm × 800mm。

（5）门卫室内设围墙灯、路灯、入口闸机控制开关。

（6）门卫室内设厂区监控屏幕，施工时做好通信管线的预留。

第4章
厂房建设标准

4.1 单跨厂房尺寸

单跨厂房跨度最小为 24m，长度为 180～240m。根据目前实际使用运转情况，建议厂房的跨度为 27m，长度可根据实际情况调整，但最低不小于 180m。

4.2 单跨厂房的做法

4.2.1 综合生产线做法

综合生产线一般分为构件生产区、构件冲洗区、构件缓存区、辅料存放区及运输通道五大区域。其中构件生产区共有清扫、画线、喷涂、拼装、布料振捣、预养、拉毛、抹面、终养、脱模十大工位，所有工位呈环形流水式布置；构件冲洗区主要用于需要做粗糙面的构件冲洗，通过预先在模具上涂刷缓凝露骨剂，构件成型后使用高压水枪冲洗；构件缓存区是主要用于构件出厂前预存及修补作业使用的区域；辅料存放区一般存放生产构件所需的所有辅材；运输通道主要用于构件及辅材进出厂车辆行走路线。

4.2.2 固定模台生产线做法

固定模台生产线主要分为构件生产区、钢筋存放区、构件冲洗缓存区、辅料存放区及构件运输通道五大区域。构件生产区并排布置模台，模台数量可根据场地实际尺寸布置，一般可布置 20～40 个模台不等；其余区域同综合生产线。

4.2.3 钢筋生产线做法

钢筋生产线可分为钢筋加工区、原材料存放区、钢筋半成品存放区。钢筋加工区主要布置满足构件生产所需的钢筋加工设备，如弯箍机、调直机、剪切机、桁架机等；原材料存放区主要存放满足构件生产所需的所有原材；钢筋半成品存放区主要用于通过钢筋加工区生产完成的半成品钢筋存放。一般钢筋生产线可与 PC（预制混凝土）工厂拌和站布置在同一条生产线上，拌和站占地约 1/3。

05

第 5 章
管片生产设备配置标准

5.1 钢筋加工设备

管片钢筋加工设备主要包括数控钢筋弯曲中心、数控钢筋弯弧机、数控钢筋液压剪切生产线等，钢筋加工设备配置见表 5.1-1。

钢筋加工设备配置   表 5.1-1

序号	设备类型	设备名称	规格型号	单位	数量	备注
1	钢筋加工设备	数控钢筋弯箍机	WG16B-2	套	2	
2		钢筋螺旋弯圆机	WH12B	套	1	
3		数控钢筋液压剪切生产线	GJW1240	套	1	
4		棒材钢筋自动上料机	BSL12	套	1	
5		输送辊道	GJW1240	套	5	
6		数控钢筋弯弧机	WHZ32A	套	2	
7		棒材钢筋自动上料机	BSL6	套	2	
8		数控钢筋弯弧弯曲机	WHWQ32	套	2	
9		棒材钢筋自动上料机	BSL7	套	2	
10		数控智能钢筋弯曲机	GW36	套	2	
11		数控钢筋弯曲中心	QXB2-32	台	1	
12		五机头弯箍机	WGT-BZ	台	1	

5.1.1 数控钢筋弯箍机（图 5.1-1）

1. 设备简介

（1）具有双方向弯曲功能。

（2）可以加工冷轧及热轧高强度盘条钢筋。

图 5.1-1　数控钢筋弯箍机

（3）具有钢筋矫直、测量、弯曲及剪切功能。

（4）可以加工成定尺直条钢筋、单头弯曲的钢筋、不闭合和闭合的钢筋（箍筋）形状。

2. 技术参数

数控钢筋弯箍机技术参数见表 5.1-2。

数控钢筋弯箍机技术参数　　　　　　　　　　表 5.1-2

序号	参数名称	参数标准
1	单线加工能力	6 ~ 16mm
2	双线加工能力	6 ~ 12mm
3	弯曲角度	< ±180°
4	中心销直径（ϕ）	20/42mm
5	最大牵引速度	100m/min
6	最大弯曲速度	1200°/sec
7	长度精度	±1mm
8	角度精度	±1°
9	工作面旋转角度	45°（90° ~ 135°）
10	设备总功率	68kW

5.1.2　钢筋螺旋弯圆机（图 5.1-2）

1. 设备简介

（1）结构简单。

图 5.1-2 钢筋螺旋弯圆机

（2）维修方便。

（3）工作平稳。

（4）节省能耗。

（5）制造成本低。

2. 技术参数

钢筋螺旋弯圆机技术参数见表 5.1-3。

钢筋螺旋弯圆机技术参数 表 5.1-3

序号	参数名称	参数标准
1	钢筋直径（mm）	5 ~ 10
2	最小弯圆直径（mm）	90（±5）
3	精度差（mm）	0.5 ~ 2
4	线速（m/min）	5 ~ 10
5	功率（kW）	4

5.1.3 数控钢筋液压剪切生产线（图 5.1-3）

1. 设备简介

（1）输送速度快，定尺切断精度高。

（2）自动化程度高。

图 5.1-3 数控钢筋液压剪切生产线

（3）剪切钢筋定尺长度无级可调。

（4）阶梯式储料架可存放大量钢筋原材。

（5）使用寿命长、生产效率高。

2. 技术参数

数控钢筋液压剪切生产线技术参数见表 5.1-4。

数控钢筋液压剪切生产线技术参数 表 5.1-4

序号	参数名称	参数标准
1	每分钟剪切次数	12
2	刀片有效宽度（mm）	400
3	钢筋传送速度（m/min）	90
4	剪切钢筋长度（mm）	800 ~ 12000
5	长度误差（mm）	±2
6	多任务	5 组图形连续生产
7	最大生产能力	70t/d
8	最大工作压力（MPa）	21
9	设备总功率（kW）	35

5.1.4 数控钢筋弯弧机（图 5.1-4）

1. 设备简介

（1）速度快、省人工、占地小、弧度精确、易调整、好操作。

（2）上压轮采用伺服电机带动涡轮蜗杆升降机驱动方式控制压轮的升降位置，自动控制，位置精准，保证钢筋弧度的一致性。

（3）弯弧牵引部分主要利用牵引轮和上压轮对直条钢筋完成牵引弯弧动作。

图 5.1-4　数控钢筋弯弧机

2. 技术参数

数控钢筋弯弧机技术参数见表 5.1-5。

数控钢筋弯弧机技术参数　　　　　　　　表 5.1-5

序号	参数名称	参数标准
1	最大弯曲直径（mm）	32
2	最小弯曲圆（mm）	10 ~ 1200
3	气源工作压力（MPa）	0.6
4	设备总功率（kW）	7.5

5.1.5　数控钢筋弯弧弯曲机（图 5.1-5）

1. 设备简介

（1）直条钢筋由进料端方向进料，弯弧机弯弧且牵引钢筋向前输入，待左侧检测装置检测到钢筋首端，弯弧机停止牵引，左弯曲装置对钢筋首端进行弯曲。

（2）弯曲完成后，弯弧机继续向前牵引，牵引距离由伺服控制，此时弯弧动作结束。

（3）弯弧机反向转动，牵引钢筋向后输入，待右侧检测装置检测到钢筋尾端，弯弧机停止牵引，右弯曲装置对钢筋首端进行弯曲，此时整体动作运行结束。

图 5.1-5 数控钢筋弯弧弯曲机

2. 技术参数

数控钢筋弯弧弯曲机技术参数见表 5.1-6。

数控钢筋弯弧弯曲机技术参数 表 5.1-6

序号	参数名称	参数标准
1	加工能力（单根）	10 ~ 32
2	上弯曲	0° ~ 180°
3	下弯曲	0° ~ 120°
4	弯曲速度	（48° ~ 72°）/s
5	弯曲边最短长度 $L1$	180mm
6	最小曲边长度 L	1400mm
7	气源工作压力	0.6MPa
8	设备总功率	15kW

5.1.6 数控智能钢筋弯曲机（图 5.1-6）

1. 设备简介

（1）外形尺寸小，方便维修和移动。

（2）采用数控系统控制弯曲角度及次数。

（3）可同时弯曲多根钢筋，弯曲角度范围为 0° ~ 180°。

（4）弯曲轴套和弯曲轴均采用特殊材质，有效地提高了设备使用寿命和工作效率。

图 5.1-6　数控智能钢筋弯曲机

2. 技术参数

数控智能钢筋弯曲机技术参数见表 5.1-7。

数控智能钢筋弯曲机技术参数

表 5.1-7

序号	参数名称	参数标准
1	最大弯曲钢筋直径	36mm
2	工作高度	825mm
3	弯曲角度	0° ~ 180°
4	设备总功率	3kW

5.1.7　箍筋加工设备

数控弯曲中心见图 5.1-7。

五机头弯箍机见图 5.1-8。

图 5.1-7　数控弯曲中心

图 5.1-8　五机头弯箍机

5.2　钢筋流水线设备

钢筋流水线设备主要包括胎模架移动小车、送料小车、成品钢筋笼运输车等，配置见表 5.2-1。

钢筋流水线设备配置　　　　　　　　　　表 5.2-1

序号	设备类型	设备名称	规格型号	单位	数量	备注
1	钢筋流水线转运车	胎模架移动小车	BDG-2T-5400×2800×366	台	10	
2		胎模架摆渡车	BDG-4T-5000×3000×450	台	2	
3		送料小车	BDG-1T-2500×2000×360	台	4	
4		成品钢筋笼运输车	BDG-5T-5500×3000×360	台	1	

电动平车（图 5.2-1）又叫过跨车，是一种厂内有轨电动运输车辆，具有结构简单、使用方便、承载能力大、维护容易、使用寿命长等特点，因其方便、坚固、经济、实用、易清理等诸多优点，成为企业厂房内部及厂房与厂房之间经常性移动重物的首选运输工具。电动平车技术参数见表 5.2-2。

图 5.2-1　电动平车

电动平车技术参数　　　　　　　　　　表 5.2-2

序号	参数名称	参数标准
1	运行速度	0～20m/min
2	刹车方式	电磁刹车
3	安全装置	声光报警灯＋缓冲装置
4	设备总功率	0.4kW×2×17

5.3 管片生产线设备

管片生产线设备主要包括管片流水线设备、管片模具、管片预制配套设备等，配置见表 5.3-1。

管片生产线设备配置 表 5.3-1

序号	设备类型	设备名称	规格型号	单位	数量	备注
1	管片流水线设备	管片流水线	1+2 线型	条	1	
2	管片模具	管片模具	15400mm×14100mm×2000mm	套	4	
3		自动盖板	—	套	1	
4		空位小车	—	台	2	
5	管片预制配套设备	翻片机	25t	台	4	
6		垂直夹具	25t	台	4	
7		翻笼机	1.5t	套	5	

5.3.1 管片自动化流水线

管片自动化流水线（图 5.3-1）须具备稳定性、可靠性、易维护性、安全性等要求。管片自动化流水线技术参数见表 5.3-2。

图 5.3-1 管片自动化流水线

管片自动化流水线技术参数 表 5.3-2

序号	参数名称	参数标准
1	生产线底面标高	−1050mm
2	地面标高	±0cm
3	生产线模具走行速率	≤0.2m/s

续表

序号	参数名称	参数标准
4	流水线设计循环数	1.5 ~ 2 个 /d
5	大直径盾构管片生产节拍	最大 15min
6	生产线轨道安装高程及线性误差	± 1mm/30m
7	轨距误差	0 ~ 1mm

5.3.2　管片模具

管片模具是用模具钢制造的，由一块底板、四块侧板、两个上盖所组成的用于隧道管片生产的专用性混凝土预制件模具。管片模具技术参数见表 5.3-3。

管片模具技术参数　　　　　　　　　　　　　表 5.3-3

序号	参数名称	参数标准值
1	底面侧模板间隙	< 0.2mm
2	模具表面粗糙度	3.2μm
3	模具底面板厚度，材质	> 10mm，Q345B
4	模具侧面板厚度，材质	> 35mm，Q345B
5	模具开启方式	端板、侧板均为铰链开启
6	模具寿命	> 1500 次

5.3.3　管片预制配套设备

管片预制配套设备包括垂直夹具（图 5.3-2）、翻片机（图 5.3-3）、翻笼机（图 5.3-4）等。

图 5.3-2　垂直夹具

图 5.3-3　翻片机

图 5.3-4　翻笼机

5.4　起重机设备

管片生产线设备主要包括桥式起重机、门式起重机等，配置见表 5.4-1。

起重机设备配置　　　　　　　　　　　　表 5.4-1

序号	设备类型	设备名称	规格型号	单位	数量	备注
1	起重机设备	通用桥式起重机	QDX25/5t	台	1	
2		通用桥式起重机	QDX32/10t	台	1	
3		通用桥式起重机	HD15t	台	1	
4		通用桥式起重机	HD10t	台	4	
5		通用桥式起重机	HD5t	台	1	
6		通用门式起重机（箱形式）	MG25t–30.2m H=11m	台	2	
7		偏挂门式起重机（箱形式）	MDG25t–25m H=11m	台	6	

5.4.1　通用桥式起重机

1. 设备简介

（1）桥架两端通过运行装置直接支撑在高架轨道上的桥架型起重机，称为"桥式起重机"。

（2）桥式起重机（图 5.4-1）一般由装有大车运行机构的桥架、装有起升机构和小车运行机构的起重小车、电气设备、司机室等部分组成。

2. 技术参数

通用桥式起重机技术参数见表 5.4-2。

图 5.4-1　桥式起重机

通用桥式起重机技术参数　　　　　表 5.4-2

序号	参数名称	参数标准
1	工作级别	A5
2	电源	三相交流 50Hz，380V
3	工作环境	−20 ~ 45℃
4	起升高度	9m

5.4.2　通用门式起重机

1. 设备简介

（1）门式起重机是桥架通过两侧支腿支撑在地面轨道上的桥架型起重机，又称龙门起重机。

（2）通用门式起重机（图 5.4-2）是由门架、大车运行机构、起重小车和电气部分组成。

图 5.4-2　通用门式起重机

2. 技术参数

通用门式起重机技术参数见表 5.4-3。

通用门式起重机技术参数   表 5.4-3

序号	参数名称	参数标准
1	工作级别	A5
2	电源	三相交流 50Hz，380V
3	工作环境	−20 ~ 45℃
4	起升高度	11m
5	运行速度	小车 0 ~ 45m/min； 大车 0 ~ 45m/min
6	工作级别	主起升 M5；运行机构大车 M5；运行机构小车 M5

第 6 章
PC 构件设备配置标准

6.1 PC 工厂设备

6.1.1 PC 工厂设备配置

预制混凝土构件生产的设备直接关系到生产效率和工厂产能，所以设备的稳定性和性能显得尤为重要。PC 工厂建设前期设备招标采购时需要将设备性能要求考虑周全，并要求设备制造厂家在设备设计时充分考虑预制构件的生产工艺。

6.1.2 PC 工厂起重设备配置情况

PC 工厂起重设备配置见表 6.1-1。

PC 工厂起重设备配置　　　　　　　　　　　　　　　　　　表 6.1-1

序号	设备名称	数量	规格型号
1	双梁桥式起重机	10 台	QD10t-22.4m
2	龙门式起重机	2 台	QD20t-26m

6.1.3 PC 工厂钢筋加工线设备配置情况

PC 工厂钢筋加工线设备配置见表 6.1-2。

PC 工厂钢筋加工线设备配置　　　　　　　　　　　　　　　表 6.1-2

序号	主要仪器设备名称	数量	规格型号
1	智能钢筋桁架焊接机器人	1 套	SJL300T-180C
2	智能钢筋剪切机器人	1 套	XQ120
3	智能钢筋弯曲机器人	1 套	G2L32E-2
4	智能钢筋调直机器人	1 套	GT5-12

续表

序号	主要仪器设备名称	数量	规格型号
5	智能钢筋调弯箍机器人	1套	WG12D-4
6	钢筋直螺纹滚丝机	1套	HGS-40F

6.1.4 PC 工厂混凝土拌和站介绍

拌和站设备主要包括主机、搅拌站、粉料罐、带式输送机、供水系统、配料系统、外加剂罐、压缩空气系统、电气系统、控制系统等，采用 HZL180 型搅拌站 1 座，选择立轴行星搅拌主机，理论搅拌能力 180m³/h。

6.1.5 PC 工厂机修设备介绍

PC 工厂机修设备配置见表 6.1-3。

PC 工厂机修设备配置　　　　　　　　　　　　表 6.1-3

序号	设备名称	数量
1	电焊机	1台
2	气割设备	1套

6.1.6 PC 工厂自动生产线设备介绍

PC 工厂自动生产线设备配置见表 6.1-4。

PC 工厂自动生产线设备配置　　　　　　　　　　表 6.1-4

序号	设备名称	数量
1	清扫机	1台
2	数控画线机	1台
3	隔离剂喷涂机	1台
4	送料车	2台
5	振动台	1个
6	布料机	2台
7	举升式平移车	1台
8	双跨振动赶平机	1台
9	预养护窑	1个
10	拉毛机	1台
11	抹光机	1台

续表

序号	设备名称	数量
12	堆码机	1 台
13	立体养护窑	1 个
14	流水线控制台	1 个
15	翻板机	1 台
16	边模轨道运输机	1 台

6.1.7　PC 工厂固定模台生产线设备介绍

PC 工厂固定模台生产线设备配置见表 6.1-5。

PC 工厂固定模台生产线设备配置　　　　　表 6.1-5

序号	设备名称	数量
1	送料车	1 台
2	布料机	1 套
3	蒸养罩	10 套

6.2　工厂生产线设备

6.2.1　布料机

布料机（图 6.2-1）主要由大车行走机构、小车行走机构、液压系统、集料箱、上部接料斗、电控系统、大车行走底架、布料机清洗平台等部分组成。布料机设有自动布料系统，能精准地控制布料量，其位置控制系统能对平台模板内模具进行全方位浇筑，其独特的传感、浇捣控制系统，可进行全方位均匀布料。布料机技术参数见表 6.2-1。

图 6.2-1　布料机

布料机技术参数   表 6.2-1

序号	参数名称	参数标准
1	布料宽度	3500mm
2	布料跨度	多工位
3	料斗容量	2.5m^3
4	闸门数量	8 卡

6.2.2　养护房

养护房（图 6.2-2）采用刚架结构,可降低养护房由于温度的变化而产生的形变。养护房设 7 层 42 个仓位,其中 39 个可用仓位,另外 3 个为通道仓位,设计极大地满足了批量生产的需求,而且提高了车间面积的利用率。运用最为先进的温控技术和保温板制造技术。养护房内设有温、湿度感应装置,能实时对养护房内的温、湿度进行监控及自动调整。

图 6.2-2　养护房

6.2.3　振动台

当生产线上模台需进入此工位时,振动台（图 6.2-3）举升装置处于最大行程,使振动台上支撑轮踏面与地面支撑轮踏面在同一平面内,误差 ≤ ±1mm;夹紧钩处于张开状态。工作时:举升装置由液压缸驱动下降到最小行程,在下降过程中模台落在振动装置上,举升装置降到位后,夹紧钩将模台夹紧。此后振动电机提供上下方向激振力。振动完成后,夹紧钩松开,举升装置上升使模台脱离振动装置,然后由电机驱动离开该工位。

图 6.2-3　振动台

6.2.4　打磨修光机

打磨修光机（图 6.2-4）通过大小行走车可以完成前后、左右的移动，通过升降提升装置完成设备高度升降移动，通过抹光头的旋转抹平功能来对预制构件表面进行抹平，并可以通过自动调整叶片装置实现实时调整的功能。

图 6.2-4　打磨修光机

6.2.5　拉毛机

通过操作箱上的上、下开关，调整模台和拉毛机（图 6.2-5）的距离，从而获得拉毛效果。主要用于叠合楼板的快速拉毛。

图 6.2-5　拉毛机

6.2.6　赶平机

赶平机（图 6.2-6）主要用于构件表面的平整。

图 6.2-6　赶平机

6.2.7　清扫机

清扫机（图 6.2-7）主要用于模台的快速清洁，通过 PLC 系统实现全自动控制。

图 6.2-7　清扫机

6.2.8　喷油机

喷油机（图 6.2-8）主要用于喷涂隔离剂，通过雾化系统喷涂，效果优异，可选配抛光功能。

图 6.2-8　喷油机

6.2.9　画线机

画线机（图 6.2-9）主要用于在模台自动画线，通过喷墨打印方式，配合伺服控制系统，精度高。

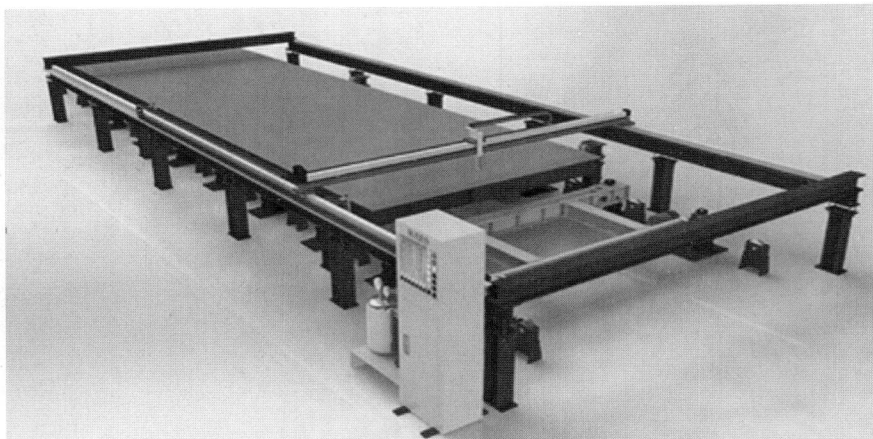

图 6.2-9 画线机

6.2.10 构件运输车

构件运输车（图 6.2-10）主要用于构件在生产车间与堆场之间的运输。

图 6.2-10 构件运输车

6.2.11 摆渡车

摆渡车（图 6.2-11）主要用于抬起模台行走，实现变轨或跨车间工作，全地面安装，全自动控制，运行顺畅精准。

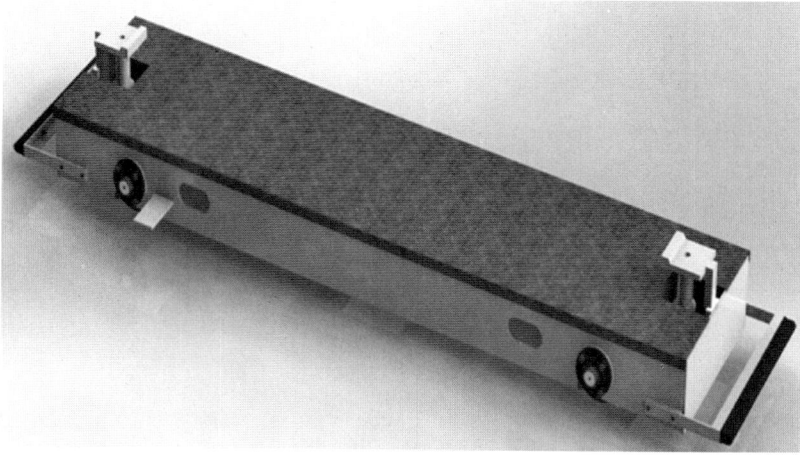

图 6.2-11　摆渡车

6.2.12　碳钢模台

碳钢模台（图 6.2-12）主要用于自动化生产线，模台的长度和宽度都可定制，表面板为 10mm 优质碳钢板，框架为 H 型钢和 C 型钢，模台的承载力为 6500N/m²。

图 6.2-12　碳钢模台

6.2.13　不锈钢模台

不锈钢模台（图 6.2-13）主要用于自动化生产线，模台的长度和宽度都可定制，表面板为 10mm 优质铁素体不锈钢板拼接（或是宝钢独家轧制的宽幅铁素体不锈钢整板），框架为 H 型钢和 C 型钢，模台的承载力为 6500N/m²。

图 6.2-13　不锈钢模台

6.2.14　固定模台

固定模台（图 6.2-14）主要用于固定模生产线，模台的长度和宽度都可定制，表面板为 10mm 优质碳钢 / 铁素体不锈钢板拼接（或是宝钢独家轧制的宽幅铁素体不锈钢整板），框架为 H 型钢和 C 型钢，模台的单位面积承载力为 6500N。

图 6.2-14　固定模台

6.2.15　导向轮

导向轮（图 6.2-15）独立固定于地面上，作为模台的承载输送轮。标高 450mm。

图 6.2-15　导向轮

6.2.16　驱动轮

驱动轮（图 6.2-16）的橡胶摩擦轮是由特种橡胶和天然橡胶合炼而成的，具有较高的摩擦力和耐磨性。驱动装置的高低可以随着橡胶摩擦轮的磨损而适当调节。

图 6.2-16　驱动轮

6.2.17 感应防撞轮

感应防撞轮（图 6.2-17）独立水平固定于地面上，可作为模台的承载输送装置。可以防止感应器被模台损坏。

图 6.2-17 感应防撞轮

07

第 7 章
市政桥梁构件设备配置标准

7.1　湿法路缘石生产线设备

7.1.1　QPS—800HD 型双工位路缘石机

1. 工作原理

混凝土仿石路缘石机（图 7.1-1）成型机具有左右两套独立的工作台及下边框模具，左右两套独立的码砖机械手。单工位机成型周期：产品厚度为 125mm 时约 50s，厚度增加，成型周期延长，反之则缩短。双工位成型机成型周期可加快约 70%，即每模 35s。成型结束后工作台移出，用真空吸盘吸起侧石，由旋转侧立自动码砖机码放在专用托架上。主机配套有真空吸水系统。

图 7.1-1　路缘石机

主机带有定量给料机，两套独立的螺旋给料电子称重加料斗。成型主机采用

PLC 程序控制，机电一体化，常规中压液压系统。模具采用经热处理的耐磨合金钢衬板结构，维修使用方便。

主机一般采用江苏新大力电机，油泵为合肥皖液，液压阀主要为江苏恒立集团产品。气动阀主要为浙江索诺天工产品。电器为施耐德产品，其元器件为国内知名品牌或合资品牌。

成型工艺使用高压压滤式成型工艺，能够在保证快速生产的同时全面提升产品质量及强度；设备全面采用 PLC 电脑控制，能够通过电脑控制包括设备的所有动作、油路及气路系统，减少用工成本，提高生产效率。

升降式模具边框，在不更换模具的情况下通过调节边框限位即可生产不同厚度的路缘石产品。

主油缸、底座、导柱及其他主机框架部分均采用整体铸件，能大幅延长主机寿命，极大地保证了设备主机的强度和整体性。

2. 技术参数

QPS—800HD 型双工位路缘石机技术参数见表 7.1-1。

QPS—800HD 型双工位路缘石机技术参数 表 7.1-1

序号	配件名称	参数标准
1	主缸直径	$\phi 800$
2	移动工作台	长度 max=1000mm；高度为 200～600mm；厚度为 80～200mm
3	成型模具宽度	200mm\250mm\300mm\350mm\400mm\500mm\600mm
4	主机两侧快速油缸	$\phi 63 \times 200$，提升重量 5～6t
5	下边框两侧升降油缸	$\phi 80 \times 250$，升降重量 10～12t
6	成型速度	35s/模（厚度 150mm 以内）
7	生产总功率	35kW
8	液压压力范围	5～15MPa
9	工作压力	8000kN 左右（可调节）
10	主机重量	25t
11	主机外形尺寸	长 8000mm × 宽 3000mm × 高 2700mm

7.1.2 CX20—45 型深加工机

（1）总机架配置地脚调整螺栓，能精准调整机器水平，使各个支撑点受力均匀，使机器振动力降至最低。

（2）防水罩、三角带安全罩、变速箱罩、电器操作箱、磨盘动力部件的罩等全部采用优质不锈钢材料制作（不生锈不腐烂不磨损能永久使用），表面平整光滑易清洁。

（3）电机动力传送至磨盘主轴采用三角带传送（软传送），如果侧石厚度差异较大时会造成过载，采用软传送能有效地保护磨盘主轴的轴承。

（4）磨盘主轴轴承选用重型系列使用寿命长，轴承两端压盖内置防水密封件，防止水进入轴承。

（5）冷却水通过磨盘主轴轴心孔进入泼水板，从磨盘中心向外泼水冷却效果更佳，能有效降低合金磨刀的温度，延长合金磨刀使用寿命。

（6）选用大直径定厚磨盘定厚，表面光洁平整无波浪面。

（7）机器采用分段式结构，操作空间大，磨盘靠边，易更换磨料。

（8）正面、侧面抛光都采用气动抛光总成结构，抛光磨料与侧石面平稳紧密接触，抛光效果好。

CX20—45 型深加工机见图 7.1-2。

图 7.1-2　CX20—45 型深加工机

7.1.3　正面定厚磨光机

1. 工作原理

（1）正面粗磨细磨，侧面粗磨细磨，倒角大斜面粗磨细磨，R 角粗磨细磨，使路缘石厚度满足成品规定的规格需求，使路缘石正面、平面、倒角、侧面、大斜面 R 角平整。

（2）R 角大斜面磨盘倾斜角度可以调节。

（3）选用大直径定厚磨盘，表面光洁平整无波浪面。

正面定厚磨光机见图 7.1-3。

图 7.1-3　正面定厚磨光机

2. 技术参数

型号：CX25—45A 型 8 磨头平磨侧磨倒角磨。

外形尺寸：8000mm × 1500mm × 1908mm。

功率：66.94kW。

正面定厚磨光机技术参数见表 7.1-2。

正面定厚磨光机技术参数 表 7.1-2

序号	参数名称	参数标准	数量
1	平磨盘电机	15kW	2 个
2	平面磨盘升降双级减速电机	0.37kW	2 个
3	侧磨盘电机	7.5kW	2 个
4	大斜面磨盘电机	5.5kW	2 个
5	圆弧磨盘电机	4kW	2 个
6	平皮带电机	2.2kW	1 个

7.1.4　R 角大斜面磨光机

1. 工作原理

（1）对 R 角大斜面进行精磨，使路缘石的 R 角大斜面表面更加平整光滑。

（2）R角大斜面磨盘倾斜角度可以调节。

R角大斜面磨光机见图 7.1-4。

图 7.1-4　R 角大斜面磨光机

2. 技术参数

型号：CX25—45A 型 5 磨头。

外形尺寸：5000mm × 1600mm × 1908mm。

功率：38.2kW。

R 角大斜面磨光机技术参数见表 7.1-3。

R 角大斜面磨光机技术参数　　表 7.1-3

序号	参数名称	参数标准	数量
1	圆弧磨盘电机	4kW	2 个
2	平面磨盘电机	15kW	1 个
3	侧磨盘电机	7.5kW	1 个
4	大斜面磨盘电机	5.5kW	1 个
5	平皮带电机	2.2kW	1 个

7.1.5　气动抛光机

1. 工作原理

正面抛光，侧面抛光，倒角抛光，正面和侧面抛光都采用气动抛光总成结构，抛光磨料与路缘石面精密接触，抛光效果好，如图 7.1-5 所示。

图 7.1-5　气动抛光机

2. 技术参数

型号: CX25—45A 型 9 磨头。

外形尺寸: 8000mm × 1600mm × 1908mm。

功率: 37.5kW。

气动抛光机技术参数见表 7.1-4。

气动抛光机技术参数　　　　　　　　　　　　　　表 7.1-4

序号	参数名称	参数标准	数量
1	平抛盘电机	5.5kW	4 个
2	侧抛盘电机	3kW	3 个
3	倒角抛电机	1.5kW	2 个
4	平皮带电机 1 个	2.2kW	1 个
5	侧皮带电机	0.55kW	1 个
6	清洗毛刷电机	0.75kW	1 个

7.2　砖机生产线设备

7.2.1　砖机选型原则

1. 市场调研标准

在砖机选型前首先了解当地市场情况,提前预估投入成本和使用效果、经济价值,并充分考虑砖机在当地的适用性,结合所属机械的可靠性,综合选择具有技术领先、产量高、质量好、维修方便的砖机。

2. 砖机功能选择标准

砖机选型时设备功能为主要研究对象，所选砖机功能应不仅包含常见砌块生产，如墙材材料、彩色砌块、园林公路砌块，还应具有生产各类特种项目小型砌块等功能，如水工、机场、航运码头等项目。

3. 生产线施工条件标准

砖机选型时须结合自身施工条件综合考虑，不同的施工环境对砖机设备的要求不同。在狭小的施工场地中，需要选择小型机械设备或灵活性强的机械设备，以提高施工效率。

4. 砖机能耗及环保标准

砖机选型时设备能耗情况和环保标准也是必选项，选择节能环保的砖机有助于节约能源、降低成本，还有助于遵守法规、提升企业形象，以及实现长期的经济效益和环境效益。因此，在砖机选型时，考虑能耗及环保因素也至关重要。

5. 售后服务强

砖机选型时还应考虑售后服务，选择有完善售后服务和技术支持的设备供应商，确保设备在使用过程中能够得到及时维护和保养。

7.2.2　砖机配置标准

1. 配料搅拌系统

立式行星式搅拌机：

（1）采用干硬性混凝土。

（2）搅拌均匀、无搅拌死角。

（3）配置微波测试装置。

2. 成型主机

适用于中高档产品生产：

（1）满足产品的密实度、强度要求。

（2）保证物料搅拌的一致性。

（3）符合产品高度及外观质量要求。

3. 振动系统装置

（1）响应速度快、精确控制振动力。

（2）电机无需频繁启停，维护成本低。

（3）主轴运转过程中持续润滑轴承。

（4）无需日常加油维护。

（5）轴承、润滑油三年无需更换（振动器轴承三年超长质保）。

4. 面料平整辊系统

（1）避免布料箱刮料问题。

（2）产品表面更平整、更密实。

（3）幻彩制品的混色效果更清晰。

（4）可以应用含水率较高的面料进行生产，制品表面更细腻。

5. 底料双出料口料仓

（1）最大限度地提高填料系统的落料精度。

（2）可以减少大粒径物料堆边的问题。

6. 液压伺服控制系统

液压伺服控制系统能提供更快的反应速度和精度，为高品质制品的生产提供基础保证。上、下模和布料箱的运行精度均可达到 0.1mm；配有压力实时监测系统，可及时识别液压缸故障。

7. 智能操作控制系统

（1）集中控制，减少操作人员。

（2）智能系统操作简单，监测调整。

（3）配有便携式移动操作面板。智能调整系统，只需要更改一个主要参数，其余参数自动调整。

（4）全自动产品高度校正系统。

8. 子母车

（1）激光测距装置和感应开关。

（2）防干扰光通信装置、减少电缆数量。

9. 输送、转运、码垛系统

用于栈板的转运、码垛，采用龙门形支撑结构，横跨于栈板缓存输送机和横向节距输送机上，通过磁力吸盘抓取设备上的栈板（每次抓取 1 块），使栈板在两台设备之间进行转运，以实现短时间内多余栈板的存储和栈板不足时栈板的供给，以更好地调节成型主机侧与码垛机侧的运行效率。

7.2.3　RH2000 砖机介绍及参数

1. 砖机功能简介

RH2000 机型可灵活地选择成型面积。同时可配置 M 型液压控制系统，运动部件和定位机构是由独立的液压系统和 CNC 单元控制，保证两侧液压缸运行平稳，通过将液压和电气系统进行融合，应用于高品质混凝土制品的生产中。RH2000 制砖机可通过变换模具生产多种混凝土建筑砌块，如：各种 PC 仿石砖、透水砖、建筑垃圾再生砖、空心砌块、路沿石、劈裂砖、复古砖以及各种用于公园、机场、码头等不同用途的特种混凝土砌体。

上、下模和布料箱的运行精度均可达到 0.1mm。各动作之间互联通信，保证每个生产循环在短时内完成。上模制动采用 CNC 控制系统准确定位，保证上模运行精度，上模运行平稳，无晃动、卡顿现象，保证产品的一致性；平稳的动作减少设备运行过程中的磨损，降低使用成本；每个循环周期保证各动作的高效运行和一致性。上压头定位准确，减少上模刷磨损，并配有压力实时监测系统，及时识别液压缸故障。

2. 砖机技术参数

RH2000 砖机技术参数见表 7.2-1。

RH2000 砖机技术参数

表 7.2-1

序号	名称	尺寸
1	主机栈板	1400mm × 1300mm
2	栈板面积	1300mm × 1250mm
3	制品高度	min=25mm；max=500mm
4	主机净重	48t
5	产线成型周期	10 ~ 13.5s

7.3　市政构件生产线设备

7.3.1　生产线布置标准

（1）生产线采用流水线形式，按照生产流程划分生产区域。

（2）采用固定模台生产的方式，生产线具备极大的改造能力，可适用于各种类型的市政构件生产。

（3）钢筋半成品由钢筋加工线集中加工生产，本生产线负责钢筋的焊接与绑扎。

（4）构件浇筑区域面积根据生产进度设置，生产台座的设置不应低于 3d 的生产量。

生产线布置标准见图 7.3-1。

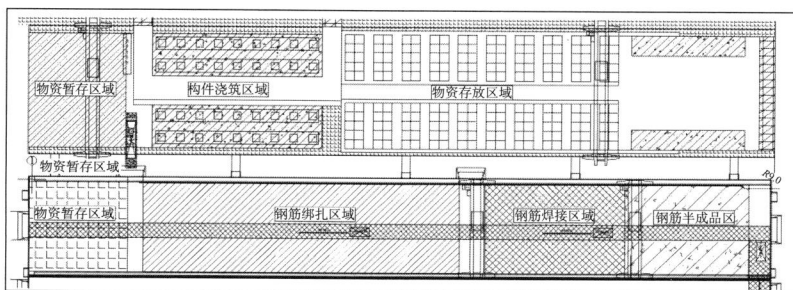

图 7.3-1　生产线布置标准

7.3.2 生产线设备配置

市政构件生产线设备主要包括龙门吊、转运小车、叉车、起重机、模具等。生产线设备配置见表 7.3-1。

生产线设备配置 表 7.3-1

序号	设备类型	设备名称	规格型号	数量	备注
1	市政构件生产线设备	门式龙门吊	10t	1 台	钢筋笼吊装及浇筑
2		门式龙门吊	50t	1 台	小型构件吊装
3		门式龙门吊	150t	1 台	大型构件吊装
4		转运小车	20t	1 台	物料转运
5		二氧化碳保护焊机	—	3 台	钢筋骨架焊接
6		叉车	3t	1 台	物料转运
7		桥式起重机	10t	2 台	物料吊装
8		生产模具	—	若干套	构件成型
9		振捣棒	50	若干套	混凝土浇筑

7.3.3 生产线设备简介及参数

1. 门式起重机

（1）设备简介

1）厂房外起重机采用门式起重机。

2）起重能力按照低中高进行搭配，厂区内所有的门式起重机跨度尽可能一致，未来可根据需求进行调整。

（2）设备参数

门式起重机参数见表 7.3-2。

门式起重机参数 表 7.3-2

序号	参数名称	参数标准
1	起重能力	根据需求
2	工作级别	A5
3	电源	三相交流电 380V/50Hz
4	行走速度	最大 6m/min
5	操作方式	地面操控

2. 转运小车

（1）设备简介

电动无轨片平车，具有结构简单、使用方便、承载能力大、维护容易、使用寿命长等特点。

（2）设备参数

转运小车参数见表 7.3-3。

转运小车参数　　表 7.3-3

序号	参数名称	参数标准
1	运输能力	20t
2	设备总功率	$0.4kW \times 2 \times 1$
3	电源	72V 蓄电池
4	行走速度	最大 20m/min

3. 二氧化碳保护焊机

（1）设备简介

小功率二氧化碳保护焊机输入电压一般为 220V 交流电源，大功率用 380V 交流电源。输出电压一般为 12 ~ 36V。主要用于低碳钢、低合金高强度钢，焊接生产率高。

（2）设备参数

二氧化碳保护焊机参数见表 7.3-4。

二氧化碳保护焊机参数　　表 7.3-4

序号	参数名称	参数标准
1	输入电压、电流	380V/16A
2	输出电压、电流	16 ~ 26.5V/40 ~ 250A
3	设备功率	5.3kW
4	焊丝直径	0.8/1.0mm

4. 叉车

（1）设备简介

1）叉车是工业搬运车辆，是指对成件托盘货物进行装卸、堆垛和短距离运输作业的各种轮式搬运车辆。

2）主要用于少量钢筋、模具等安装转运。

（2）设备参数

叉车参数见表 7.3-5。

	叉车参数	表 7.3-5
序号	参数名称	参数标准
1	额定起重量	3000kg
2	动力	柴油
3	载荷中心距	500mm
4	标准架起升高度	3000mm

5. 桥式起重机

（1）设备简介

1）桥式起重机的桥架沿轨道纵向运行，可以充分利用桥架下面的空间吊运物料。

2）设备根据厂房跨度、所需起重能力、吊装能力预留等因素考虑。

3）操作方式尽量全部选择地上人员操作。

（2）设备参数

桥式起重机参数见表 7.3-6。

	桥式起重机参数	表 7.3-6
序号	参数名称	参数标准
1	额定起重量	10t
2	输入电压	380V/50Hz
3	整机功率	22.5kW
4	跨度	25.5m
5	操作方式	地上人员操作

6. 生产模具

（1）生产模具是构件生产过程中的核心设备。

（2）模具采用组合钢模具。

（3）模具的设计与生产应符合《组合钢模板技术规范》GB/T 50214—2013 的规定。

（4）模板的配板应根据配模面的形状、几何尺寸及支撑形式决定。

（5）配板时宜选用大规格的模板为主板，其他规格的模板作为补充。

（6）需要在模板上钻孔时，应使钻孔的模板能多次周转使用，并应采取措施减少或避免在模板上钻孔。

7. 混凝土振捣棒

（1）设备简介

1）插入式振捣棒是工程建设中使用的一种机具，能够使混凝土密实，消除混凝土的蜂窝麻面等现象，提高强度。

2）通过振动头插入混凝土内部，将其振动波直接传给混凝土。

（2）设备参数

混凝土振捣棒参数见表 7.3-7。

混凝土振捣棒参数 表 7.3-7

序号	参数名称	参数标准
1	动力来源	电动式
2	振动频率	180Hz
3	振动原理	偏心式
4	插入式振捣棒直径	50mm
5	作用半径	250mm

8. 混凝土生产线设备

（1）设备说明

混凝土生产线包括控制系统、输送系统、搅拌系统、砂石分离机等，生产线的配置要根据生产模式、生产需求等确定，且要考虑后期高性能混凝土（UHPC）等的市场需求。

（2）混凝土生产线设备配置

混凝土生产线设备配置见表 7.3-8。

混凝土生产线设备配置 表 7.3-8

序号	设备类型	设备名称	数量	备注
1	混凝土生产线设备	盘式行星搅拌系统	2 套	两条生产线设备配置
2		骨料提升系统	2 套	
3		皮带输送系统	1 套	
4		粉料螺旋输送系统	6 套	
5		控制室及控制系统	2 套	
6		称量系统	1 套	
7		液体输送系统	1 套	
8		鱼雷罐输送系统	1 套	
9		砂石分离系统	1 套	

第 8 章
盾构管片工艺标准

8.1 钢筋加工制作

8.1.1 钢筋原材料进场及检验

（1）钢筋原材料进场前应具备出厂证明书、产品合格证及材料清单。钢筋应无损伤，表面不得有裂纹、油污、颗粒状或片状老锈。

（2）钢筋原材料进场后在监理或业主的见证下按每批次不超过 60t 为一批进行取样检测，检测合格后方可用于管片钢筋半成品制作。

（3）钢筋原材料检验项目及取样见表 8.1-1。

钢筋原材料检验项目 表 8.1-1

序号	检验项目	取样数量	取样方法
1	拉伸	2	不同根（盘）钢筋切取
2	弯曲	2	不同根（盘）钢筋切取
3	尺寸	逐根（盘）	—
4	表面	逐根（盘）	—
5	总量偏差	5	不同根（盘）钢筋切取
6	金相组织	2	不同根（盘）钢筋切取

8.1.2 钢筋下料

（1）下料前首先检查钢筋的合格证与入场检验报告是否齐全，或是否有已检验合格并挂有"合格"标识，只有二者齐全才能下料。

（2）班前必须检查设备的完好状态，班后必须对切断机进行清洁、保养。

（3）钢筋下料工应按项目技术人员下达的钢筋下料单对钢筋进行切断加工，下料前必须熟悉下料清单，应及时了解钢筋下料变更通知，并对变更做出明显标识。

（4）钢筋下料

1）钢筋下料时应尽量去掉钢材外观有缺陷的地方。

2）钢筋下料长度误差为 ±10mm，切断刀口平齐，两端头不应弯曲。

3）切料时严格控制切料根数，避免因根数过多造成切断机损坏，防止钢筋切口呈不规则形状，如马蹄形等。

8.1.3　钢筋弯曲、弯弧

（1）钢筋弯弧应严格按设计图纸要求，并按项目技术人员下达的钢筋弯弧作业表对钢筋进行弯弧加工。

（2）根据弯弧钢筋的规格调整从动轮的位置及芯轴的直径。

（3）弯弧前必须检查设备完好状况，发现异常及时修理。

（4）根据作业表对钢筋进行试弯，并与标准试样进行校核，合格后再进行弯弧操作。

（5）弯弧操作进料时必须轻送，钢筋进入弯弧机时应保持平衡、匀速，防止平面翘曲，成型后表面不得有裂缝。出料口操作者用双手往靠身处压送。

（6）钢筋弯制过程中，如发现钢材脆断、过硬或回弹等现象应及时反映，找出原因进行处理。

（7）弯好的钢筋必须逐根在靠模上进行校核，合格后方可使用，弧度不合适必须重新进行弯制。

（8）钢筋调直和主筋的弯弧应符合《混凝土结构工程施工质量验收规范》GB 50204—2015 的规定。

（9）底筋采用数控弯弧弯曲机加工。

（10）面筋采用数控钢筋弯曲机加工。

（11）箍筋及拉钩采用数控弯箍机加工。

（12）弹簧筋采用数控调直螺旋筋成型机加工。

8.1.4　钢筋笼制作

（1）单片钢筋成型骨架必须在符合设计要求的钢胎卡具上制作。

（2）焊接前必须对部件检查，合格后摆放在靠模的指定位置。

（3）各部件安放后，经测量调整和检验，各项尺寸均符合要求，才可进行焊接工作。

（4）焊接时焊点的位置及焊接形式要准确（表 8.1-2），不得漏焊，焊口要牢固，焊缝表面不允许有气孔及夹渣，或者焊伤钢筋，焊接标准符合《钢筋焊接及验收规程》JGJ 18—2012 中的有关规定。

钢筋骨架焊点要求　　　　　　　　　表 8.1-2

序号	项目	焊接形式
1	主筋与箍筋	梅花型焊接
2	面筋与底筋	三面焊
3	箍筋封头	焊点 ≥ 3 点
4	耳朵筋	焊点 ≥ 3 点
5	加强筋	焊点 ≥ 12 点
6	螺旋筋与构造筋	焊点 ≥ 2 点

（5）依次进行底筋和面筋的连接焊接、底筋与箍筋焊接、面筋与箍筋焊接。骨架初成型后继续焊接附属钢筋、连接筋、凹凸榫细部钢筋。

（6）钢筋骨架焊接采用二氧化碳气体保护焊焊接成型，严格控制焊接质量。焊缝不得出现咬肉、气孔、夹杂现象。钢筋的焊接按设计和现行国家标准施工，焊缝、高度符合规范要求，焊接后氧化皮及焊渣清除干净。

（7）骨架首先必须通过试生产，检验合格后方可批量下料焊接成型及制作，所有钢筋交叉点都进行焊接，以保证钢筋笼的强度。

（8）钢筋骨架焊接完成后进入检查验收阶段，将钢筋笼骨架吊装至专用的弧度检测台进行细部检查验收。钢筋骨架检查验收严格按照钢筋骨架加工、制作允许偏差（表 8.1-3）执行。

钢筋骨架加工、制作允许偏差　　　　　　表 8.1-3

序号	项目	允许误差	检验工具	检验数量
1	受力钢筋的等级、规格和数量	—	游标卡尺 / 观察	全面检查
2	箍筋、横向钢筋的品种、级别、规格和数量	—	游标卡尺 / 观察	全面检查
3	钢筋骨架焊接质量	—	观察	全面检查
4	外观质量	—	观察	全面检查
5	主筋弯折点位置（mm）	± 10	钢卷尺	每班同设备生产 15 环同类型骨架，应抽检不少于 5 件 按每日生产量的 3% 进行抽检，每日抽检不少于 3 件，且每件检验 4 点
6	箍筋内净尺寸（mm）	± 5		
7	箍筋间距（mm）	± 10		
8	分布筋间距（mm）	± 5		
9	骨架长、宽、高尺寸（mm）	+5，−10		
10	主筋层距、间距（mm）	± 5		

8.2　管片生产

8.2.1　模具检验

1. 模具检测方法

管片模具主要分为以下两种方法进行验收。

（1）人工检测验收

采用内径千分尺检测模具宽度，深度尺检测模具深度，采用定制弧度板对模具进行检测。

（2）精密仪器验收

在模具生产厂家出厂前、进场后及初次生产前进行三维模型验证验收，采用激光跟踪仪对模具进行全面检验。

2. 模具定期检测标准

管片模具在投入生产后应定期采用精密仪器或人工进行检测，在试生产期间必须对所有模具进行全面检测，同时各项指标需符合管片整环成型检测要求。正式生产期间每套模具生产 100 次需对模具各项质量标准进行全面的检测，保证模具精度在管片生产过程中始终处于受控状态。模具检查的各项检测值应如实记录，并确保数据的有效性和可追溯性。如模具精度出现偏差，必须对出现问题的模具进行整修，并做好记录。模具定期检测允许偏差见表 8.2-1。

模具定期检测允许偏差　　　　　　　　　　　　表 8.2-1

序号	项目	允许误差	检测方法	检测频率
1	宽度（mm）	±0.4	内径千分尺	每片测 6 点
2	弧弦长（mm）	±0.4	样规、钢卷尺	每片测 4 点
3	靠模夹角间隙（mm）	≤0.2	角尺、塞尺	每片测 4 点
4	对角线（mm）	±0.8	样板	每片测 2 点
5	内腔高度（mm）	+0.3/−0.1	游标卡尺	每片测 6 点

8.2.2　模具清理

（1）管片脱模完成后进行模具清理，专业清模人员利用铲刀、钢丝球和专用抹布清除模具内所有剩余杂物及混凝土残渣，使模具表面无污点，四角接触无杂物。

（2）清模顺序：先内后外，先侧板、端板再底板，先中间后四周。

（3）清模关键部位：侧模、端模四角螺栓 O 形圈、止水槽、凹凸榫槽、定位杆槽、手孔座眼等部位，同时清除模具密封胶条处的混凝土残渣，检查密封胶条稳固性。

（4）在清理侧模、端模下倒角时，不能损坏密封胶条，仔细清理模具中部的测量宽度卡槽及定位块。

（5）手孔处如发生漏浆现象，清模时必须将手孔处 O 形圈内的混凝土残渣清除干净，对所有活动零部件进行仔细清理并涂上黄油。

（6）如产生粘模现象，必须将混凝土残渣清理干净。

（7）使用铲刀清理时，注意不得损伤模具表面和密封胶条。

（8）模具密封胶条正常使用下定期 3 个月进行更换。同时，及时报告模具清理过程中发现的漏浆部位，并更换密封胶条。

8.2.3　隔离剂涂刷

（1）涂刷隔离剂前先检查模具内的混凝土残渣是否清除干净，必须保证模具工作面干净。

（2）隔离剂宜选用质量稳定、无气泡、适于喷涂、脱模效果好、不影响构件外观颜色的材料。

（3）隔离剂采用喷壶进行喷涂，喷涂时要求薄而匀，并且无积油无流淌现象。

（4）每个模具须均匀喷涂两遍，以防止粘模现象的发生。端模处不能沉积脱模油，发现积油时采用干净的毛巾擦掉多余的隔离剂。

（5）涂刷隔离剂的抹布务必保持干净，同时针对止水槽、凹凸榫槽、模板夹角等细部节点处要仔细涂抹，避免漏涂。

（6）涂刷隔离剂完成后保持作业场地卫生，严禁乱丢抹布、工具。

8.2.4　钢筋骨架入模

（1）钢筋骨架吊装操作人员应在安装前对支架及飞轮进行检查，确认无误后均匀安装在箍筋上。

（2）根据设计图纸要求，钢筋笼内弧采用 25mm 支架，标准块及邻接块每片钢筋笼每排 4 个，共 6 排，合计 24 个；封顶块每片钢筋笼每排 4 个，共 3 排，合计 12 个。

（3）钢筋笼侧面及端面采用 20 ~ 35mm 飞轮，每片侧面 4 个，端面 2 个，每片钢筋笼共计 12 个。

（4）钢筋笼安装完保护层支架后，吊装操作人员利用桁车配合专用吊具把钢筋笼吊入模具内。吊运前必须检查吊具的完好性，存在安全隐患的吊具应立即进行更换。

（5）吊运时挂钩位置必须符合操作规程要求，严禁在吊运过程中由于挂钩位置不正确造成钢筋骨架变形或发生脱焊现象，吊入时要对准位置，轻吊、轻放，起吊和下放钢筋笼时，人工扶稳，避免操作过程中发生碰撞。

（6）模具组装完成后，对钢筋笼保护层进行调整，严禁用铁器与模板直接接触撬动，使用铁器必须用碎布进行包裹或使用木棍进行撬动，以免对模具造成损伤。

（7）钢筋骨架不得与螺栓手孔模芯、手孔底座相接触。

（8）对于入模过程中损坏的支架或飞轮必须进行更换，支架垫起后，严禁出现歪斜、支护不到位等现象。

8.2.5　预埋安装

1. 注浆管、螺母套管的安装

（1）安装前认真检查注浆管、螺母套管的型号及完好状况，严禁外表面沾有油污等现象。

（2）安装前认真检查注浆管底座是否安装牢固，安装后注浆管必须与底模支座紧密接触，严禁存在歪斜及松动现象，安装过程应确保中心注浆管外表面干净。

（3）如遇到螺旋筋与注浆管、螺母套管相抵触时须作相应调整，严禁将螺旋筋拆卸私自扔掉，安装后必须及时对螺旋筋进行焊接固定处理。

（4）螺母套管安装必须与锥形螺栓套杆拧紧，避免混凝土浆液渗入螺母套管，影响管片成品质量。

（5）预埋件安装完成后保持作业场地卫生，严禁乱丢注浆管、螺母套管和其他杂物。

2. 预埋筋焊接安装

（1）焊接操作人员必须持证上岗。

（2）预埋螺旋筋焊接时焊接点位保证两个焊点以上且与芯棒留有足够的保护层，同时保证预埋螺旋筋无晃动。

（3）凹凸榫钢筋焊接，操作人员将预制好的凹凸榫钢筋网片对位后先进行焊接，检查无误后再进行固定焊接。

（4）焊接采用二氧化碳气体保护焊进行焊接，焊接严禁焊渣落入模具，若落入模具必须及时清理。

8.2.6　隐蔽验收质量检查

（1）管片预埋件安装完成后，由质检工程师对钢筋骨架进行检查验收，同时形成验收记录及影像资料。

（2）模具定期检查的内容及允许偏差见表 8.2-2。

模具定期检查的内容及允许偏差　　　　表 8.2-2

序号	检查内容			允许偏差（mm）
1	骨架钢筋	型号规格	全面检查	—
2	保护层	支架 / 飞轮	内弧面、四周侧面、外弧顶面、螺旋筋与芯棒	+5，−3
3	预埋件	注浆管安装紧固	全面检查	—
4		螺母套管	全面检查	—
5		螺旋弹簧筋	全面检查	—
6	凹凸榫	焊接情况	全面检查	—

8.2.7　混凝土浇筑

（1）混凝土从搅拌站利用移动接料小车运输至振捣间固定料斗口顶部，开启小车放料闸门，将混凝土下放至固定料斗内，再通过固定料斗进行分层放料，下料时必须均匀。

（2）混凝土浇筑分三层连续浇筑，第一层混凝土下料浇筑高度为模具内弧面最高处，开启模具中部附着式振捣器，当中部混凝土分散至模具两端后开启两端附着式振捣器；第二层浇筑顶面为侧模高度的 1/2 处，同时开启全部附着式振捣器；第三层浇筑至最高处，继续振捣至混凝土密实，无气泡溢出方可关闭振捣器开关停止振捣。

（3）振动中注意检查模具紧固螺栓、注浆管、自动盖板及两侧小盖板的固定情况。如果有部件松动，必须立即停止操作，调整和紧固松动部件。发现漏浆情况及时采取措施并做好记录。

（4）每层混凝土浇筑应在 2～3min 内放完，微振时间控制在 2～5min 内。

（5）如果在下料过程中出现混凝土坍落度过大或过小，要及时通知试验人员和搅拌站操作人员调整。如无法使用要及时通知相关人员另作他用。严禁私自将混凝土乱丢，造成环境污染。

（6）在下料完毕后要及时清理固定料斗和移动料斗，保持清洁卫生。

8.2.8　管片收（抹）面

（1）管片收面分为粗、中、精三个程序进行。

（2）混凝土浇筑工作结束后，待混凝土稳定后（试验人员确认）方可掀开模具盖板进行粗平收面，必须把模具边沿的混凝土残渣清理干净，填充混凝土在振捣时产生的气泡孔和空隙。

（3）粗收面时，用大尺进行粗收拉毛，刮平管片外弧面混凝土。粗收静停约

10min。

（4）中收面时，管片外弧面无气孔且光滑。

（5）精收面时，由两名作业人员同时从管片一侧向另一侧反复进行作业，作业人员必须对称连续作业，使用铁抹子进行精细抹平，进一步使管片外弧面达到最平整、光滑的状态，提高管片抗渗性能。

（6）在混凝土光面过程中，禁止在混凝土表面洒水或撒干灰。

（7）保持作业场地干净卫生，严禁任意丢弃清理的混凝土。

8.2.9　管片静养

（1）先清除盖板上残留的混凝土，刮落的混凝土严禁甩入管片外弧面，混凝土清除干净后涂刷干净的盖板油，要求盖板脱模到位无滴油现象。

（2）抹面完成后，当管片外弧面收水状态良好，用手指轻按混凝土表面不粘手时，盖上透明塑料薄膜，覆盖薄膜应干净整洁，无污染。覆盖塑料薄膜为一次性使用，严禁重复使用污染管片外弧面。覆盖薄膜前严禁将薄膜散落在模具盖板下边端部踏板上造成污染，薄膜覆盖完成后盖上模具盖板。

（3）待混凝土达到一定的强度后，拔除芯棒，继续进行静养。当气温过低管片芯棒拔出后易造成塌孔现象，此时可延长静养时间或视芯棒结构形式采取降温区拆除，保证成型管片螺栓孔质量。

8.2.10　管片蒸养

（1）混凝土浇筑成型后至开模前，管片收面完成后应覆盖保湿，采用全自动温控系统调节蒸汽养护，根据环境温度及时调整管片蒸养分区温度。主要分为升温区、恒温区、降温区。

（2）混凝土养护温度应根据试生产作业及正常流水作业设定，并应符合养护温度要求，升温速度不宜超过 15℃ /h，降温速度不宜超过 20℃ /h。当环境温度（5℃以下）过低时，应采取降低蒸养最高温度，并延长养护时间。

（3）当遇突发状况不能进行连续生产时，应及时查看蒸养区温度情况。根据分区温度采取降温措施，避免因混凝土长时间养护强度增长过快导致后续工序衔接出现质量缺陷问题。

8.2.11　管片脱模

（1）模具由摆渡车转运至作业线轨道停稳后开始操作。

（2）模具盖板由两名操作人员分别站在模具两侧，同时手扶打开，打开完成后应立即将盖板进行锁定。

（3）薄膜收集整理，由两名操作人员从端模侧往上翻折，再由一人进行折叠并放置于侧模指定位置回收。

（4）脱模操作人员先对称将两端的 4 颗螺栓拧松（可用气动扳手），然后再拧松中间的 2 颗螺栓，最后用扭力扳手匀速地转动中间的最后一颗螺栓，打开侧模。侧模开启完成后再开启端模板，端模板为一颗螺栓。

（5）由桁车操作人员将真空吸盘吊至管片正中心后，由吊装操作人员扶正真空吸盘，桁车操作人员再将吸盘缓慢降至管片外弧面上。

（6）吊装作业人员检查真空吸盘的贴合情况，吊装操作人员必须扶正真空吸盘，两端预留位置应均匀一致，无歪斜现象后，开启真空吸盘开关。

（7）吊装作业人员观察气压表读数，确认工作压力后进行吊装作业。安全气压为 −0.065MPa 以上，方可以起吊。

（8）吊装作业人员检查好真空吸盘气压后进行试吊，试吊高度在 10cm 以内，同时两名作业人员分别站在管片对角，手扶管片，防止管片晃动，产生磕碰。

（9）试吊平稳后由吊装操作人员再次检查真空吸盘气压值，确认安全后对桁车操作人员发出吊装指令。

（10）桁车操作人员接到指令后，缓慢上升，待管片最低处高于模具盖板开启状态最高位 30cm 后，将管片吊装至翻片机上。

（11）模具拆卸完成后操作工具统一放在固定位置，并保持作业场地干净整洁，严禁乱摆操作工具和其他杂物。

（12）操作过程中螺栓产生转动不顺畅等异常现象时，应立即通知维修人员进行维护。

（13）脱模操作人员及时检查模具所有螺栓的紧固情况，同时每半个月定期全方位涂抹黄油进行保养。

（14）吊装操作人员每班作业前，对真空吸盘进行检查，发现问题及时报告维修班组进行维修，同时真空吸盘正常使用情况下需每月定期更换胶条，保证施工安全。

8.2.12　管片成品精度检验

管片成品精度检验主要为外观尺寸精度检验及外观质量缺陷检查。外观尺寸精度检验采用 0～2050mm 游标卡尺进行管片宽度、厚度检验，用样规、塞尺检验管片弧长、弦长。检测频率：每生产 15 环抽取 1 块管片进行检测，单块成型管片尺寸允许偏差见表 8.2-3。外观缺陷检查主要采用目视检查法，检查率为 100%。管片外观质量不应存在严重缺陷。管片外观质量要求见表 8.2-4。

单块成型管片尺寸允许偏差　　　表 8.2-3

序号	检查项目	允许偏差	检查数量
1	宽度	±0.5mm	每块测 3 点
2	弧、弦长	±1.0mm（±0.5mm，封顶块）	每块测 3 点
3	厚度	+3mm/-1mm	每块测 3 点
4	螺栓孔位及孔径	±1.0mm	每个
5	内半径	±1.0mm	每块测 3 点
6	外半径	+2mm/-1mm	每块测 3 点
7	内外表面 4 条对角线弦长	±1.5mm	每条对角线
8	环缝面和纵缝面	面部平整度为任意 1m 范围内的偏差≤0.2mm，与内外表面的角度偏差≤0.1°	每个端面测 3 点
9	密封垫沟槽与凹凸榫	半径偏差为 ±1.0mm，至管片边沿的距离偏差为 ±1.0mm，沟槽宽度与深度偏差为 ±1.0mm	每块测 3 点
10	螺栓孔及预埋螺母轴线偏角	±0.15mm	每个

管片外观质量要求　　　表 8.2-4

序号	项目	质量要求
1	贯穿性裂缝	不允许
2	拼接面裂缝	拼接面方向长度不超过密封槽，且宽度小于 0.20mm
3	非贯穿性裂缝	内表面不允许，外表面裂缝宽度不超过 0.20mm
4	内外表面露筋	不允许
5	孔洞	不允许
6	麻面、粘皮、蜂窝	表面麻面、粘皮、蜂窝总面积不大于表面积的 5%，允许修补
7	疏松、夹渣	不允许
8	缺棱掉角、飞边	不应有，允许修补
9	环、纵向螺栓孔	畅通、内圆面平整，不得有塌孔

第 9 章
PC 构件工艺标准

9.1 综合生产线

综合生产线生产工艺流程包括：清理模台、画线、喷隔离剂、组模、组钢筋笼、预埋件安装、混凝土浇筑、养护等。综合生产线生产工艺流程图见图 9.1-1。

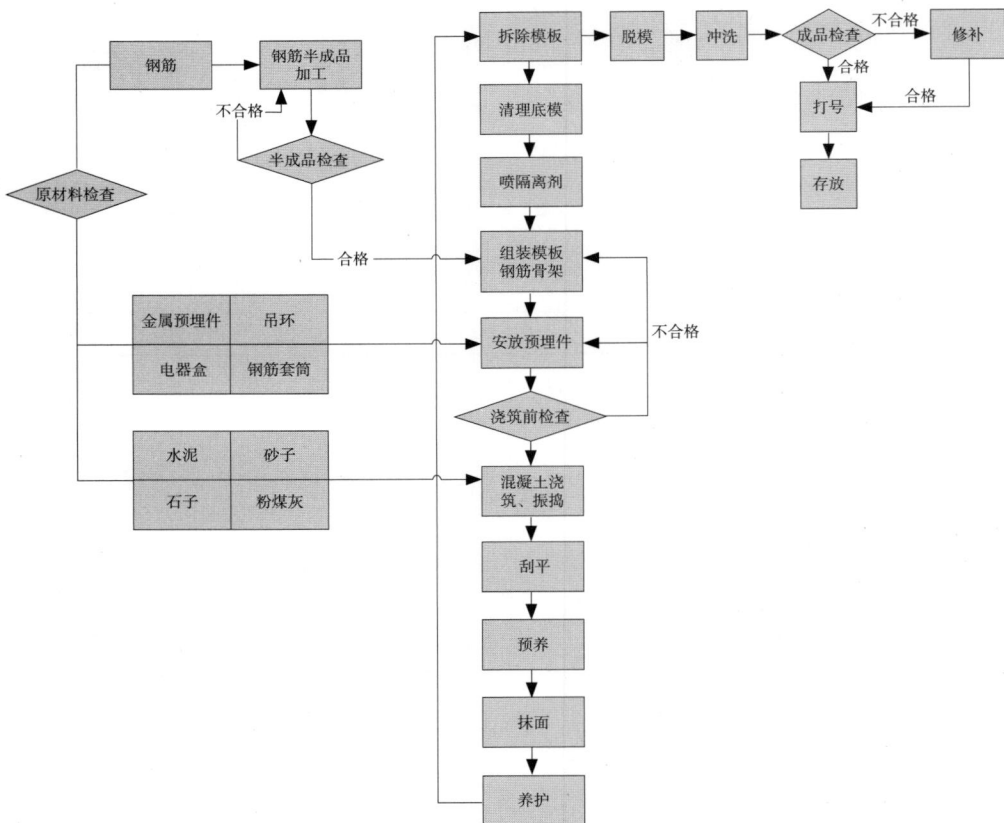

图 9.1-1 综合生产线生产工艺流程图

9.1.1　清理模台

（1）人工将凝固在模台上的大块混凝土进行松动清理。

（2）模台清理机挡板挡住大块的混凝土残渣，旋转滚刷对模台表面进行精细清理。

（3）除尘器对清理过程中产生的扬尘进行清理。

（4）清理下来的混凝土残渣通过清理机底部的废料箱收集。

（5）模具需要人工进行清理。

（6）如设备清理后的模台不干净需要进行二次清扫时，人工清理模台。

（7）模具清理时，保证所有拼接处均清理干净，确保组模时无尺寸偏差。

（8）模具上下基准面必须清理干净，保证构件的整体厚度。

（9）构件粗糙面处对应的模具可以不做清理，直接涂刷表面粗糙剂。

9.1.2　画线

（1）将构件 CAD 图纸传送到画线机的主电脑上。

（2）确定基准点后，画线机自动按图纸在模台上划出模具组装边线（模具在模台上组装的位置、方向）及预埋件安装位置。

（3）在编程时对布局进行优化，在同一模台上同时生产多个预制构件，提高模台使用效率。

9.1.3　喷隔离剂

（1）采用喷涂机对模台表面喷涂隔离剂。

（2）采用刮平器对模台表面喷涂的隔离剂进行扫抹，保证隔离剂的均匀性和厚度。

（3）如喷涂机喷涂的隔离剂不均匀，需要人工二次涂刷。

（4）如无特殊要求，可采用水性隔离剂。

9.1.4　组模、组钢筋笼

（1）吊车将模具连同绑扎好的钢筋骨架吊运至组模工位，以画线位置为基准控制线进行安装，安装时注意方向和位置。

（2）模具与模台紧固，下边模和模台间用螺栓连接固定，上边模用花篮螺栓连接固定。

（3）左右侧模和窗口模具采用磁盒固定，确保磁盒使用数量满足固定强度要求。

（4）使用吊车将模具连同钢筋骨架吊运至组模工位，以画线位置为基准控制线，确保吊运安全，避免对模具和钢筋骨架造成影响。

（5）模具、钢筋骨架对照画线位置微调整，确保模具组装尺寸精度、钢筋保护层厚度、外露钢筋精度。

9.1.5 预埋件安装

（1）提前做好预埋件安装准备工作。

（2）将灌浆软管一端安装固定在套筒上；另一端利用磁性底座（或者工装）完成套筒软管安装，固定在底模上，确保整齐度。

（3）采用反打工艺时，利用简易工装连同预埋件（斜支撑预埋螺母、现浇混凝土模板预埋螺母）安装在模具内，确保埋件位置准确。

（4）采用正打工艺时，利用磁性底座将预埋件与模台固定，并安装锚筋，完成后拆除简易工装。

（5）按照图纸安装电气埋件（线盒、线管）、安装窗口防腐方木，保证安装精度和强度。

（6）检查套筒安装质量（套筒数量、型号、垂直度等）。

（7）检查预埋件安装质量（数量、型号、尺寸、锚筋）。

（8）检查电器盒安装质量（数量、位置方向、上沿高度等）。

（9）安装套筒和埋件过程中不许弯曲、切断任何钢筋。

（10）套筒与固定器、磁性底座和模台要固定牢靠。

（11）整个过程中要保护底模的清洁度。

（12）整个过程尽量不踩踏钢筋骨架，保证钢筋骨架位置正确。

9.1.6 混凝土一次浇筑及振捣

（1）搅拌站按要求搅拌混凝土（配合比、坍落度、体积）。

（2）通过运输小车，向布料机投料。

（3）布料机扫描到基准点开始自动布料或手动布料。

（4）锁紧模台，振动平台工作至混凝土表面无明显气泡溢出时停止振捣，清理模具、模台、地面上残留的混凝土。

（5）停止振动后松开模台锁紧机构，完成浇筑、振捣。

（6）浇筑后，检验模具、埋件，若发生胀模、位移或封堵腔内进混凝土现象，要立即处理。

（7）浇筑前要对前面工序进行检验，尤其是埋件固定强度及模板固定强度。

（8）浇筑过程尽量避开套筒和预埋件位置。

（9）浇筑过程控制混凝土浇筑量，保证构件厚度。

（10）振捣后应对表面进行找平，保证平整度，为挤塑板安装打好基础。

（11）如有特殊情况（如坍落度过小、局部堆积过高等）时进行人工干预，用振捣棒辅助振捣，此过程严禁振捣棒触碰套筒和预埋件。

（12）清理散落在模具、底模和地面上的混凝土，保持该工位清洁。

9.1.7　挤塑板安装

（1）挤塑板须按照图纸预先进行半成品加工。

（2）构件外露时，挤塑板周边提前用透明胶带粘贴好。

（3）安装时，各挤塑板块确保靠紧。

（4）安装挤塑板要在浇筑混凝土初凝前完成。

（5）检查安装后挤塑板的平整度，有凹凸不平的地方需使用橡胶锤及时处理。

（6）挤塑板四周要靠紧模板。

（7）挤塑板之间的缝隙、连接件与孔之间的缝隙使用发泡胶封堵。

9.1.8　安装连接件

（1）连接件的数量、位置必须按照厂家提供的连接件布置方案进行深化设计，生产时按照图纸安装，保证安装数量。

（2）在连接件的安装位置打孔，再在孔洞内安装连接件。

（3）可以使用橡胶锤等软质工具敲击连接件调整位置，使连接件与混凝土充分结合。

（4）控制连接件在内叶墙和外叶墙内之间的锚固长度。

（5）控制连接件安装的垂直度。

9.1.9　安装钢筋网片

（1）需要控制钢筋网片与四周模具的保护层厚度。

（2）要注意网片与挤塑板的保护层厚度。

（3）要注意垫块的位置和数量。

（4）要注意网片与连接件之间的连接。

（5）注意网片间的搭接长度。

9.1.10　混凝土二次浇筑及振捣

（1）按要求搅拌混凝土（配合比、坍落度、体积等）。

（2）使用运输小车，通过空中轨道向布料机投料。

（3）布料机扫描到基准点开始自动或手动布料。

（4）锁紧底模，振动平台工作至混凝土表面无明显气泡溢出后，停止振捣。

（5）停止振捣后，松开模台锁紧装置，完成浇筑振捣。

（6）浇筑后，检验模具、埋件，若发生胀模、位移或封堵腔内进混凝土现象，要立即处理。

（7）浇筑过程尽量避开套筒和预埋件位置。

（8）浇筑过程控制混凝土浇筑量，保证构件厚度。

（9）如有特殊情况（如混凝土坍落度过小、局部堆积过高等）时进行人工干预，用振捣棒辅助振捣，振捣时避开埋件。

（10）若一次浇筑的混凝土已进入初凝期，必须使用振捣棒采用插入式振捣，严禁使用振动平台整体振捣。

（11）清理散落在模具、底模和地面上的混凝土，保持该工位清洁。

9.1.11 赶平

（1）赶平设备要避免与模具直接接触。

（2）以模具面板为基准面控制混凝土厚度。

（3）预制构件边角区域需要人工进行赶平。

（4）清理散落在模具、模台和地面上的混凝土，保持该工位清洁。

（5）反打时，若构件外露钢筋、埋件较多，则使用刮杠进行人工赶平，并将贴近表面的石子压下。

9.1.12 预养

（1）预养窑温度为 30 ~ 50℃，保障混凝土的升温过程。

（2）预养窑内采用干蒸方式养护。

（3）预养时间为 1 ~ 1.5h。

（4）经过预养，混凝土初凝强度达到抹面工序工艺要求。

9.1.13 抹面

（1）混凝土初凝强度达到抹面工序工艺要求时才能使用抹面机实施抹面。

（2）抹面机要避免与模具、埋件接触。

（3）预制构件边角区域需要人工进行抹平。

（4）此工序可分为提浆、抹平、收面三个步骤，整个过程不允许加水。

（5）要求混凝土平整度满足要求，表面无裂纹。

（6）将模台、模具上杂物清理干净，保持工序整洁。

9.1.14　蒸养

（1）养护最高温度不高于 60℃。

（2）养护总时间一般为 8 ~ 10h。

（3）操作工随时监测养护窑温度，并做好记录。

（4）经过养护，使混凝土强度达到标准养护强度的 70% 以上，完成蒸养。

（5）蒸养后，构件表面无裂纹。

9.1.15　拆模

（1）检查构件强度满足吊装强度要求（不低于 20MPa）方可实施拆模。

（2）拆卸模具上所有紧固螺栓、磁盒、胶封、胶堵等，并分类集中存放。

（3）使用拆模工具（工装），将模具（边模、窗模）与预制构件混凝土分离。

（4）将超出构件表面的埋件切割、打磨，保证该位置平整度。

（5）拆卸模板时尽量不要使用重物敲打模具。

（6）拆模过程中要保证构件的完整性。

（7）拆卸下来的工装、紧固螺栓等零件必须分类、集中放在周转箱内，不得随意丢弃。

（8）拆模工具使用后放在指定位置，摆放整齐。

（9）将拆模后的混凝土残渣及杂物打扫干净，保持该工位清洁。

（10）拆下的模具清理完毕后，放在模具存放区待用。

9.1.16　翻转吊装

（1）混凝土强度达到 20MPa 后，方可进行模台翻转、起吊。

（2）正确安装专用吊具。

（3）翻转角度为 80° ~ 85°。

（4）模台平稳后液压缸将模台缓慢顶起。

（5）通过吊车将构件运至成品运输小车。

（6）起吊前检查专用吊具及钢丝绳是否存在安全隐患。

（7）指挥人员要与吊车工配合，并保证构件平稳吊运。

（8）整个过程不允许发生磕碰，且构件不允许在作业面上空行走，严禁交叉作业。

（9）起吊工具、工装、钢丝绳等使用过后要存放到指定位置，妥善保管，定期检查。

9.1.17　冲洗入库

（1）利用起重机将符合强度要求的构件吊运至冲洗区。

（2）按照图纸，用高压水枪冲洗构件四周，形成粗糙面。

（3）拆除水电等预留孔洞的各种辅助埋件，安装周转材料。

（4）按照构件存放方案，将构件放置在指定库位。

（5）检查构件外观和固定强度，无误后报检，并填写入库单办理入库交接手续。

（6）注意工序衔接，防止表面粗糙剂失效。

（7）冲洗后，将有缺陷的构件运到缓冲区待修处理。

（8）重复利用的模块应放到指定的位置。

（9）将一次性使用的模块收集，并放到指定位置。

（10）按图纸和操作规程冲洗构件的四周，并确保露骨深度达到质检标准。

（11）用吊车将构件运到物流车上，使用专用工具对构件进行固定。

9.2　叠合板生产线

叠合板生产工艺流程包括：清扫模台、画线、喷隔离剂、边模组装、预埋件定位、钢筋绑扎、浇筑混凝土、振动、预养护、拉毛、养护、拆模、翻转起吊堆场存放。叠合板生产工艺流程图见图 9.2-1。

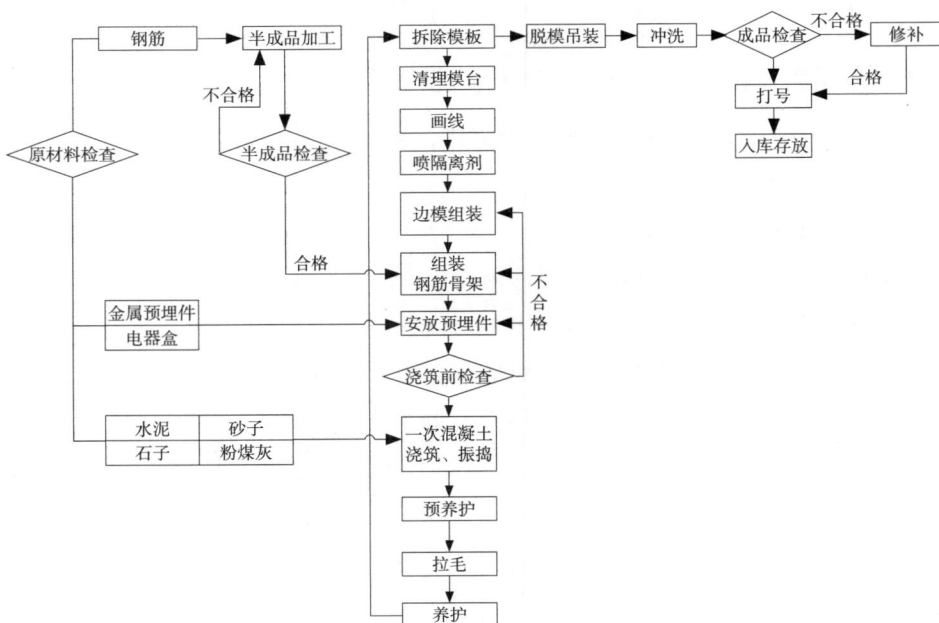

图 9.2-1　叠合板生产工艺流程图

9.2.1　模台清扫

（1）清扫机为固定双滚刷结构，滚刷采用尼龙钢丝混合刷片，作业过程中不会对模台表面造成损伤，具有除锈和清除余尘功能。

（2）铲板：可清除大块凝固物、附着物，角度可调整。清理过程中，对模台无损害。

（3）集料斗：收集清理下来的混凝土废料及其他杂物，料斗可移动，易于回收废弃物。

（4）除尘器：柜式除尘器，确保此工位作业环境符合环保健康要求。

（5）可实现手动控制与自动控制；铲板升降、模台行走、除尘器启停等实现联动控制；并设置单独的操控台。

9.2.2　画线

技术人员将构件设计生产图纸编程导入数控端口，形成构件轮廓及预埋件位置信息。

通过数控终端控制画线笔在行走轨道上的行走路径，完成画线工作。

9.2.3　喷隔离剂

（1）可采用调雾化喷嘴或手动涂刷。

（2）喷雾系统流量、气雾压力可调，保证模台表面喷涂均匀，多余的隔离剂可回流收集，设备启动、停止与模台运行可联动控制。

9.2.4　边模组装

模具在拆模区域拆下后通过边模运输车运至安装区域，在安装区域根据画线边缘控制模具安装的精度。

9.2.5　预埋件定位

根据水电预留预埋位置及固定方式，利用磁性吸盘底座将灯盒或洞口工装与模台固定。

9.2.6　钢筋绑扎

生产人员根据设计图纸提钢筋订单，钢筋班制单生产、绑扎班组按单领料绑扎钢筋网片。

9.2.7 浇筑混凝土

（1）螺旋式下料方式。下料口数量：8个。每轴配驱动电机。

（2）料斗可升降，锁紧可靠，限位合理。

（3）布料口最高点与模台表面的最小距离不小于600mm。

（4）下料速度：$0.5 \sim 1.5 m^3/min$（不同的坍落度要求）。

9.2.8 振动

（1）分体式结构。

（2）振捣质量合格的振动时间小于60s。

（3）振捣频率可调，调整方便，可适应不同厚度的墙体振捣。

（4）模台升降、锁紧、振捣、模台移动、布料机行走具有安全互锁功能。

9.2.9 预养护

构件浇筑、振动完成后进入预养窑养护约45min，使混凝土达到初凝状态。

9.2.10 拉毛

混凝土经过预养护，开启养护窑门，通过拉毛机的自动升降刮刀进行机械拉毛，使拉毛效果均匀。

9.2.11 养护

进入到构件养护的核心工位，立体蒸汽养护窑，恒温养护8h，构件达到设计强度的80%，具备拆模吊运的条件。

9.2.12 拆模

构件达到设计强度后，运送到拆模工位区域，进行边模拆除，拆模时避免用铁锤击打模具，以免模具损坏变形。

9.2.13 翻转起吊堆场存放

根据现场吊装工期和堆场情况，翻转之后可以选择厂内堆场存放或直接装车运至施工现场安装。

9.3　内墙板生产线

内墙板生产工艺流程包括：清理模台、画线、喷隔离剂、组装内页墙模板、安装预埋件等。内墙板生产工艺流程图见图 9.3-1。

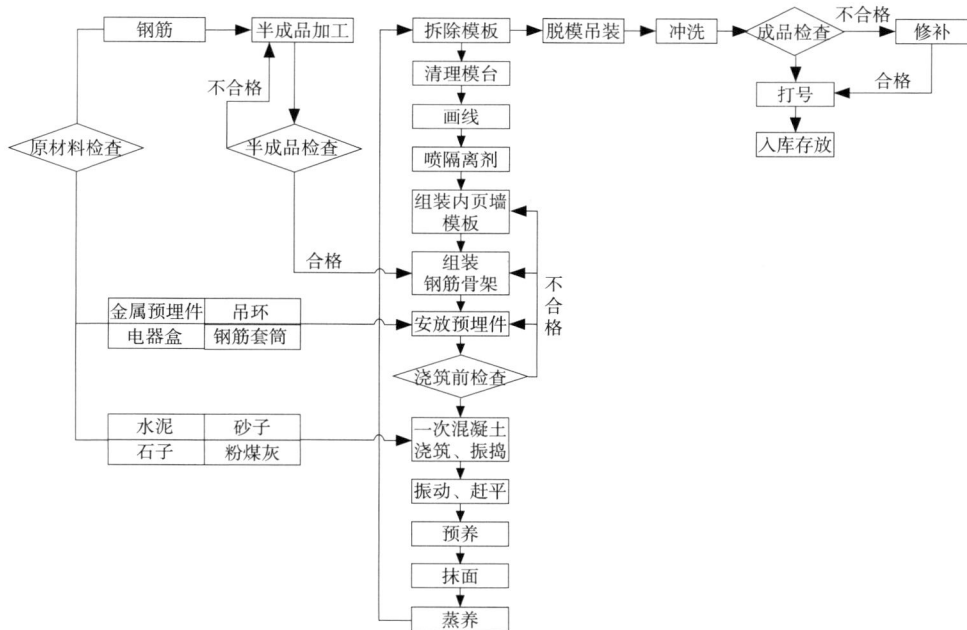

图 9.3-1　内墙板生产工艺流程图

9.3.1　清理模台

（1）人工将凝固在模台上的大块混凝土进行松动清理。

（2）模台清理机挡板挡住大块的混凝土残渣，旋转滚刷对模台表面进行精细清理。

（3）除尘器对清理过程中产生的扬尘进行清理。

（4）清理下来的混凝土残渣通过清理机底部的废料箱收集。

（5）模具需要人工清理。

9.3.2　画线

（1）将构件 CAD 图纸传送到画线机的主电脑上。

（2）确定基准点后，画线机自动按图纸在模台上画出模具组装边线（模具在模台上组装的位置、方向）及预埋件安装位置。

（3）编程时，对布局进行优化，在同一模台上同时生产多个预制构件，提高模台使用效率。

9.3.3　喷隔离剂

（1）用喷涂机喷涂隔离剂。

（2）用刮平器对模台表面喷涂的隔离剂进行扫抹，保证隔离剂的均匀性和厚度。

（3）如喷涂机喷涂的隔离剂不均匀，需要进行人工二次涂刷。

（4）如无特殊要求，可采用水性隔离剂。

9.3.4　组模、组钢筋笼

（1）吊车将模具连同绑扎好的钢筋骨架吊运至组模工位，以画线位置为基准控制线进行安装（注意方向、位置）。

（2）对照画线位置，微调整模具、钢筋骨架，控制模具组装尺寸精度。

（3）模具与模台紧固，下边模和模台间用螺栓连接固定，上边模用花篮螺栓连接固定。

（4）左右侧模和窗口模具采用磁盒固定，确保磁盒使用数量满足固定强度要求。

9.3.5　预埋件安装

（1）安装电器盒须选择正确的型号，注意安装方向。

（2）接管处及盒口必须用胶带固定牢固、封堵严密，防止混凝土浇筑振捣时进浆。

（3）安装好后用工装将电器盒固定，避免出现歪斜现象。

（4）水电预留孔模具要位置准确，封堵、固定牢靠。

9.3.6　混凝土浇筑及振捣

（1）按要求搅拌混凝土（配合比、坍落度、体积）。

（2）通过运输小车，向布料机投料。

（3）布料机扫描到基准点开始自动布料或手动布料。

（4）锁紧模台，振动平台工作至混凝土表面无明显气泡溢出时停止振捣，清理模具、模台、地面上残留的混凝土。

（5）停止振动后松开模台锁紧机构，完成浇筑、振捣。

（6）浇筑后，检验模具、埋件，若发生胀模、位移或封堵腔内进入混凝土，要立即处理。

（7）浇筑前要对前面工序进行检验，尤其是埋件固定强度及模板固定强度。

（8）浇筑过程尽量避开套筒和预埋件位置。

（9）浇筑过程中控制混凝土浇筑量，保证构件厚度。

（10）如有特殊情况（如坍落度过小、局部堆积过高等）时进行人工干预，用振捣棒辅助振捣，此过程严禁振捣棒触碰套筒和预埋件。

（11）清理散落在模具、底模和地面上的混凝土，保持该工位清洁。

9.3.7　抹面

（1）用塑料抹子粗抹，做到表面基本平整，无外露石子，外表面无凹凸现象。

（2）特别注意电盒四周的平整度及安装穿线管预留位置。

9.3.8　蒸养

（1）拉毛后蒸养前需静停，以手压无痕为准。

（2）生产线会自动将叠合板放入整体蒸养室内。

（3）养护最高温度不高于 60℃。

（4）养护总时间不少于 8h。

（5）操作工随时监测养护窑温度，并做好记录。

（6）蒸养后，混凝土强度达到标养强度的 70% 以上，混凝土表面无裂纹。

9.3.9　拆模

（1）检查构件强度满足吊装强度要求（不低于 20MPa）方可实施拆模。

（2）拆卸模具上所有紧固螺栓、磁盒、胶封、胶堵等，并分类集中存放。

（3）使用拆模工具（工装），将模具（边模、窗模）与预制构件混凝土分离。

（4）拆下的模具清理干净后，做好标记，放在指定位置，待下次使用。

（5）拆卸模板时尽量不要使用重物敲打模具。

（6）拆模过程中要保证构件的完整性。

（7）拆卸下来的工装、紧固螺栓等零件必须分类、集中放到工具箱内，分类、集中存放。

（8）拆模工具使用后放到指定位置，摆放整齐。

（9）将拆模后的混凝土残渣及杂物清理干净，保持该工位清洁。

9.3.10　吊装

（1）混凝土强度达到 20MPa 后，方可进行调运工作。

（2）按照图纸标注的吊点位置安装吊具。

（3）起吊后的构件放在指定的构件冲洗区域进行水洗面作业。

（4）放置时，在叠合板下方垫截面为 300mm×300mm 的方木，保证叠合板平稳，不允许磕碰。

（5）保证叠合板水平起吊平稳，不允许发生碰撞。

（6）起吊前检查专用吊具及钢丝绳是否存在安全隐患。

（7）指挥人员要与吊车工配合并保证构件平稳吊运。

（8）整个过程不允许发生磕碰且构件不允许在作业面上空行走，严禁交叉作业。

（9）起吊工具、工装、钢丝绳等使用过后要存放到指定位置，妥善保管，定期检查。

9.3.11 冲洗入库

（1）利用起重机将拆模后符合强度要求的构件吊运至冲洗区。

（2）用高压水枪冲洗构件四周，形成粗糙面。

（3）拆除水电等预留孔洞的各种模具模块。

（4）检查构件外观，无误后报检，并填写入库单，办理入库交接手续。

（5）将有缺陷的构件运至缓冲区待修处理。

（6）重复利用的模块放置到指定的位置。

（7）一次性使用的模块收集并放置到指定位置。

（8）按操作规程冲洗构件的四周，并确保露骨深度达到质检标准。

（9）用吊车将构件运到物流车上，避免发生碰撞，构件下方垫截面为 300mm×300mm 的方木，保证平稳。

9.4 固定模台生产线

9.4.1 模具清理

（1）先用钢丝刷或刮板将内腔残留混凝土及其他杂物清理干净。

（2）所有模具拼接处（侧模和底板接缝）均用刮板清理干净。

（3）侧板基准面的上下边沿必须清理干净，利于抹面时保证厚度要求。

（4）所有工装全部清理干净，无残留混凝土。

（5）所有模具外侧要清理干净。

（6）清理下来的混凝土残渣要及时收集到指定的垃圾桶内。

9.4.2 组模

（1）组模前检查清模是否到位，如发现模具清理不干净，不得进行组模。

（2）组模时应仔细检查模板是否有损坏、缺件现象，损坏、缺件的模板应及时修理或者更换。

（3）选择正确型号的侧板进行拼装，拼装时模具各部分要连接紧密，拼接部位不得有间隙，不许漏放螺栓或各种零件。

（4）在拼接部位应粘贴密封胶条或打密封胶，防止因漏浆导致构件质量下降。

9.4.3　涂刷界面剂

（1）刷涂界面剂前，对照图纸及生产工艺，选择对应的界面剂。

（2）隔离剂必须采用水性隔离剂，并按照确定的比例调配均匀。

（3）模具清理干净后，方可进行界面剂的涂刷。

（4）界面剂涂抹要均匀，不得有堆积、流淌现象，喷涂界面剂后的模具表面不准有明显痕迹。

（5）涂刷界面剂时，严禁污染钢筋及各种埋件。

9.4.4　安装钢筋、预埋件

（1）按照图纸及相应的质量标准，将钢筋骨架安装到模具内，保证钢筋保护层厚度并固定牢靠。

（2）钢筋骨架检验合格后方可进行预埋件安装。

（3）按照图纸将埋件预埋至指定位置。

（4）预埋吊环应绑扎在钢筋笼上，并放置加强筋。

（5）使用螺栓将预埋螺母放置在指定位置，并用工装固定，严禁预埋件漏放或错放。

9.4.5　混凝土浇筑振捣

（1）浇筑前检查混凝土坍落度是否符合要求，过大或过小不允许使用，且料量不准超过理论用量的 2%。

（2）浇筑时尽量避开埋件及 PVC 管，避免造成埋件发生位移。

（3）浇筑时，控制混凝土厚度，在厚度达到设计要求时停止下料。

（4）振捣方式采用振捣棒插入式振捣。

（5）振捣时，注意振捣棒插入混凝土的位置间隔及振捣时间，均匀振捣，振捣至混凝土表面无明显气泡溢出即完成振捣工作。

（6）振捣时避开埋件，以免使其发生位置偏移，保证振捣后混凝土表面水平。

9.4.6　混凝土表面抹平

（1）混凝土浇筑完毕后，使用刮杠将混凝土表面刮平，并将贴近表面的石子压下，为抹平工序做好准备。

（2）待混凝土初凝强度达到抹平工序要求后，开始进行构件混凝土表面抹平工序。

（3）先用塑料抹子粗抹，做到表面基本平整，无外露石子，外表面无凹凸现象。

（4）使用铁抹子找平，边沿的混凝土如果高出模具上沿要及时压平，保证边沿不超厚、无毛边。

（5）对抹面过程中产生的残留混凝土要及时清理干净放入指定的垃圾桶内。

（6）抹平工序中，严禁在混凝土表面洒水。

9.4.7　养护

（1）抹面之后、蒸养之前需静停，静停时间以用手按压无压痕为标准。

（2）在构件表面加盖蒸养棚，开始进行构件蒸养，也可用蒸养窑蒸养。

（3）测温员要随时检测蒸养温度曲线变化，发现问题及时处理。

（4）养护温度不得高于60℃，时间不得超过10h，如有问题，及时作出调整并做好记录。

9.4.8　拆模

（1）拆模之前需做同条件试块的抗压试验，试验结果达到20MPa以上方可进行拆模工序。

（2）拆卸模板时，尽量不要使用重物敲打模具侧模，以免造成模具变形、损坏。

（3）拆模过程中，不允许磕碰构件，要保证构件的完整性。

（4）模具侧板拆卸下来后轻拿轻放，清理完毕后整齐放到模具存放区待用。

（5）拆卸下来的工装、螺栓等各种零件必须清理完毕后放到指定位置待用。

（6）保证所有需要拆卸掉的工装、封堵完全拆卸掉。

9.4.9　吊装

（1）在混凝土达到20MPa后方可脱模、吊装。

（2）起吊之前，检查模具、工装是否拆卸完全，如未拆模完全，不允许进行构件吊装作业。

（3）经检验，确定使用的吊具没有安全隐患并正确安装后方可进行构件吊装作业。

（4）采用构件左侧两个吊环，缓慢起吊，借助工装设施完成构件平稳脱模、翻转。

（5）构件脱模、翻转后，使用构件梯面四个吊环将构件吊运至指定的构件待检区域待检，在构件下方垫300mm×300mm方木。

（6）整个过程保证构件平稳，不允许发生磕碰。

9.4.10　维修、打号、入库

（1）拆模后的构件，平放在指定区域进行外观检查。

（2）检查合格的构件，经过冲洗并打上标识后办理入库。

（3）对有严重缺陷的构件（如出现贯穿性裂纹）做报废处理。

（4）对于外观有气泡、表面龟裂或不影响结构的裂纹、轻微漏振等现象可进行修补。

（5）对于平整度超差或外形尺寸超差及边角毛边处要进行打磨处理。

（6）打号准确无误，字迹清晰、整齐、整洁。

（7）入库构件应分型号码放，水平放置，层间用方木隔开，层数最多不超过 4 层或 1.5m。

第10章
市政桥梁构件工艺标准

10.1 湿法路缘石生产线

10.1.1 原材储备

（1）砂石料按级配分仓存放，储料仓设置隔离墙，隔离墙外端设材料标识牌。

（2）不同粒径、品种分仓存放，不混堆或交叉堆放，并设置明显标志。

（3）砂石料应按规定进行材料的质量状态标识，标识包括材料名称、产地、规格、数量、进料时间、检验状态、试验报告号、检验批次等。

10.1.2 装载机上料

（1）装载机上料时不得一次性转运过多，防止转运过程中撒料。

（2）上料时严禁其他人员进入上料区。

（3）严禁配料仓之间串料。

10.1.3 配料仓配料

（1）配料仓不得堆太满，以不漫出仓壁为准。

（2）每日设备启动前应检查料仓开关门流畅性、检查气缸联动性和内置筛网完整性。

10.1.4 提升斗上料

（1）配料仓中的原材料通过皮带传送到提料斗内，班前应检查皮带、传动装置是否有其他不应有的杂物。

（2）定期清理提升斗、检查完好，钢丝绳定期涂抹黄油，做好防锈。

10.1.5　原料搅拌

（1）水泥生产用原料必须采用强制搅拌机搅拌，搅拌时间控制在 90s 左右，本生产线一般每次拌料以 50kg 水泥为基准。

（2）搅拌期间，须严格把控搅拌时间，防止搅拌时间过长或过短。

（3）生产结束后，需要关闭电源，人员进入搅拌机内部清理。

10.1.6　搅拌出料

（1）本设备采用鱼雷罐布料的方式进行，拌和料通过鱼雷罐运输到主机设备中，出料前应检查鱼雷罐控制系统是否正常，并清理罐内残渣。

（2）确认主机的进料斗清理干净，并检查机器设备紧固件是否紧固。

10.1.7　主机布料

（1）通过主机的自动称量系统精准计量布料，布料前需要将模具上的泥浆使用高压水枪冲洗干净。

（2）布料完成后，操作人员不得逗留，确保器具未遗留在模具上。

10.1.8　产品成型

（1）经搅拌后的料必须在成型过程中将水分加压滤去，成为干硬性的砖坯。

（2）成型后的砖必须棱角分明，表面光洁、细腻，明显呈干硬性，且有一定的坯体强度，在砖托板上不会破裂。

10.1.9　半成品输送

（1）通过机械臂与洗盘的配合将半成品转移到钢托盘上，托盘放置时应检查托盘是否放置到位。

（2）采用叉车将放满一层路缘石的钢托盘转移到成品养护区，转移时叉车不得超速，防止磕碰造成产品损坏。

10.1.10　产品养护

（1）通过叉车将栈板上的路缘石胚体送至养护窑进行洒水养护。

（2）养护 7d 后，当胚体有足够强度时进行水磨加工。

10.1.11　水磨加工

（1）需要进行水磨加工的产品，应在产品达到足够强度后进行，产品强度未达标不得进行深加工。

（2）深加工采用全自动化设备，每天开机前，应检查各润滑部位，导柱应喷机油，每天生产完成后应打扫冲洗机器上残余杂物。

10.1.12　切割加工

（1）切割工艺是为了生产较薄路缘石，切割时应注意控制产品厚度。

（2）切割时，刀片前后不得站人，防止刀片断裂飞出伤人。

（3）切割完成后应清扫设备车间，尤其是切割机前后飞溅的泥浆。

10.1.13　成品码垛

（1）不同产品的码垛层数不同，码垛方式不同，如较薄路缘石采用平放码垛，一般码垛 7~8 层，较厚的路缘石采用立放码垛，一般码垛 3~8 层。

（2）码垛前应检查木托盘是否完好无损，不得使用破损托盘。

10.1.14　成品打包

（1）路缘石采用打包带进行打包，打包前应检查产品是否全部合格，产品码垛是否整齐等，存在异常及时调整。

（2）码垛完成的产品应贴上产品标签。

10.1.15　成品存放

（1）成品打包完成后转存到堆场存放，为保证存放的安全性，存放高度不得超过 3 层。

（2）无特殊情况，产品须在厂区内存放 28d 后方可出厂。

10.1.16　沉淀池清理

（1）一般情况沉淀池需要每月清理一次，若发现沉淀物过多，应及时清理。

（2）沉淀池采用挖掘机清理，清理时应全程有人员监督，注意不得破坏池底和池壁。

10.1.17　模具更换

（1）必须调整到手动工作状态后，方可启动液压系统。

（2）上模提升平台上升至上限位，边框提升架上升至上限位，下模工作台前进至前进限位位置。

（3）手动合上上下模具，包括边框，松开上模及边框的紧定螺栓，上模提升平台上升至上升限。

（4）边框提升架上升至上升限，将上模及边框留于下模上，保持合模状态。

（5）下模工作台后退至后退限，即可取走原装模具，将准备更换的全副模具放在下模工作台上。

（6）下模工作台前进至前进限位位置，初步调整位置，将上模活动梁缓缓放下。

（7）对准上、下模及边框固定孔后，紧固螺栓。调整边框上、下限的接近开关位置。

（8）更换模具前应先调整好耐高压安全接近开关，所有接近开关感应距离应有详细的尺寸标注，并以文字形式记录好。

10.1.18　成品检验

1. 组批规则

每批路缘石应为同一类别、同一型号、同一规格、同一强度等级，每 20000 件为一批；不足 20000 件，亦按一批计；超过 20000 件，批量由供需双方商定。

2. 抽样方法

（1）随机抽样。

（2）抽取龄期 28d 或以上的试样。

3. 抽样数量

（1）外观质量和尺寸偏差

按照《计数抽样检验程序　第 1 部分：按接收质量限（AQL）检索的逐批检验抽样计划》GB/T 2828.1—2012，随机从成品堆场中每批产品抽取一次检验试样 13 个或二次抽取检验试样 26 个（含第一次抽取的 13 个试样）。

（2）物理性能和力学性能按随机抽样法从外观质量和尺寸偏差检验合格的试样中抽取。每项物理性能与力学性能的抗压强度试样应分别从 3 个不同的路缘石上各切取一块符合试验要求的试样；抗折强度直接抽取 3 个试样。

4. 检验标准

混凝土路缘石检验性能标准见表 10.1-1。

混凝土路缘石检验性能标准 表 10.1-1

序号	检测项目		性能标准			
1	外观质量		缺棱掉角的破坏最大投影尺寸 ≤ 15mm			
			面层非贯穿性裂纹最大投影尺寸 ≤ 10mm			
			粘皮及表面缺损最大面积 ≤ 30mm^2			
2	尺寸偏差		长度偏差（+4，−3）			
			高度偏差（+4，−3）			
			宽度偏差（+4，−3）			
			平整度 ≤ 3mm			
			垂直度 ≤ 3mm			
			对角线差 ≤ 3mm			
3	抗折强度	平均等级	$C_f 3.5$	$C_f 4.0$	$C_f 5.0$	$C_f 6.0$
4		平均值 C_f	≥ 3.5MPa	≥ 4.0MPa	≥ 5.0MPa	≥ 6.0MPa
5		单件最小值 $C_{f min}$	≥ 2.8MPa	≥ 3.2MPa	≥ 4.0MPa	≥ 4.8MPa

10.2 砖机生产线

10.2.1 原材储备

（1）砂石料按级配分仓存放，储料仓设置隔离墙，隔离墙外端设材料标识牌。

（2）不同粒径、品种分仓存放，不混堆或交叉堆放，并设置明显标志。

（3）砂石料应按规定进行材料的质量状态标识，标识包括材料名称、产地、规格、数量、进料时间、检验状态、试验报告号、检验批次等。

10.2.2 配料仓配料

（1）配料仓不得堆太满，以不漫出仓壁为准。

（2）每日设备启动前应检查料仓开关门流畅性、检查气缸联动性和内置筛网完整性。

10.2.3 提升斗上料

定期清理提升斗、检查完好，钢丝绳定期涂抹黄油，做好防锈。

10.2.4 原料搅拌

（1）搅拌前，应充分观察材料的含水情况。

（2）搅拌期间，须严格把控搅拌时间，防止搅拌时间过长或过短。

（3）生产结束后，需要关闭电源，人员进入搅拌机内部清理。

10.2.5　搅拌出料

（1）充分搅拌后的拌和料，经皮带和传送小车投放到主机布料小车内。

（2）出料前应检查皮带传送设备是否正常，尤其注意小车开关是否正常，并清理皮带及小车上的残余原材。

10.2.6　底料布料

（1）经操作手控制，拌和料应均匀地散布在模具之中。

（2）布料过程中，应观察拌和料是否搅拌均匀，是否存在明显色差。

（3）若设备故障，应及时清理设备中的余料，防止材料凝固。

10.2.7　底料成型

（1）底料散布在模具之中，经操作手输入参数，调整振幅，调整布料比例，成型主机自动挤压振动成型。

（2）班前操作手须注意模具的完整性，上模下模的联动性，成型平台是否能正常起落。

（3）班后操作手须关闭电源，人员进入成型主机内部清理残余原材。

10.2.8　面料布料

（1）面料布料是在底料挤压成型后进行，拌和料应均匀地散布在模具之中，应避免材料洒出模具。

（2）面料一般具有特殊颜色，为避免串色污染，布料前应严格检查模具、设备是否有残留物。

10.2.9　面料成型

（1）面料散布在模具之中，经操作手输入参数，调整振幅，调整布料比例，成型主机自动挤压振动成型。

（2）班前操作手须注意模具的完整性，上模下模的联动性，成型平台是否能正常起落。

（3）班后操作手须关闭电源，人员进入成型主机内部清理残余原材。

10.2.10　半成品清扫

（1）产品成型后，可通过毛刷清理半成品上的残渣、棱角的毛边等。

（2）使用清扫机时，应调整好设备高度，防止清扫机破坏半成品。

10.2.11   半成品输送

（1）成型的半成品，由皮带传送到升板机，此过程由环线系统自动控制。

（2）此过程中，操作手需要初步检查产品的质量，包括外观尺寸、颜色、有无损坏等，不合格产品及时回收。

10.2.12   废品回收

（1）环线上设有专用的废品回收工位，发现残次品在回收工位上时，翻转钢栈板及时清理，清理后的材料可回收再利用。

（2）禁止让不合格产品流入下道工序。

10.2.13   产品养护

（1）半成品成型后逐板进入升板机中，升板机上的产品到达一定数量后，由子母车传送到养护窑养护。

（2）一般情况下直接在养护窑中养护即可，不需要采用蒸汽养护。

（3）操作手班前应进行复位检查，检查子母车是否正常。

10.2.14   产品出养护窑

（1）达到一定养护条件的产品，由子母车传送到木托盘边进行码垛。

（2）不同产品的出窑条件不同，所有产品应对首批产品进行检测试验，检测时应检测不同养护高度产品的性能。

（3）操作手班前应进行复位检查，检查子母车是否正常，并注意周期性养护。

10.2.15   成品码垛

（1）产品由降板机下降到输送节距，由自动码垛机整理，逐层码成型。

（2）操作手需班前试机，检查码垛机是否正常，根据产品调整参数，不同产品的码垛层数、码垛方式均不同。

（3）码垛前应摆放好木托盘，并检测木托盘是否完整无损。

10.2.16   成品打包

（1）码垛完成的产品进入人工打包区，由人工完成打包工作。

（2）打包采用专用的打包薄膜缠绕，并按要求贴上产品标签。

（3）打包时应注意关闭传送机器，防止人员受伤。

（4）打包完成的成品通过叉车运输到产品存放区。

10.2.17　钢栈板周转

（1）钢栈板上的产品由码垛机整理成垛，钢栈板输送到成型主机进入下一个周期。

（2）操作手需要经常观察钢栈板位置，及时调整输送节距，避免连板。

（3）操作手应随时检查钢栈板是否完整、有无破损，并清理板上残渣。

10.2.18　产品存放

（1）产品应根据其不同的规格分区存放，便于取用。

（2）为保证安全性，存放高度不得超过 2 层。

（3）需要进行二次深加工的产品应存放在半成品存放区。

10.2.19　产品深加工

（1）深加工设备均是自动化设备，只需将备好的半成品送入设备即可完成深加工处理。

（2）进料、出料均采用自动抓取、码垛，机械臂启动前应检查灵活性并涂油。

10.2.20　成品检验

1. 透水路面砖及透水路面板检验

（1）组批规则

以用同一批原材料、同一生产工艺生产、同标记的 1000m² 透水块材为一批，不足 1000m² 亦可按一批量计。

（2）抽样方法

1）每批随机抽取 32 块试件，进行外观质量、尺寸偏差检验。

2）每批随机抽取能组成约 1m² 铺装面数量的透水块材进行颜色、花纹检验。

3）从外观质量及尺寸偏差检验合格的透水块材中抽取规定数量的产品进行其他项目检验。

（3）抽样数量

1）强度等级检验抽 5 块。

2）透水系数检验抽 3 块。

3）抗冻性检验抽 10 块。

4）耐磨性检验抽 5 块。

5）防滑性检验抽 3 块。

（4）检验标准

透水路面砖和透水路面板检验性能标准见表 10.2-1。

透水路面砖和透水路面板检验性能标准　　　　　　　　表 10.2-1

序号	检测项目				性能标准		
1	尺寸偏差	长度（mm）			±2		不合格数≤3块
		宽度（mm）			±2		
		厚度（mm）			±2		
		厚度方向垂直度（mm）			≤1.5		
		直角度（mm）			≤1.0		
		厚度差（mm）			≤2.0		
		平整度	最大凸面（mm）		≤1.5		
			最大凹面（mm）		≤1.0		
2	外观质量	—			顶面	其他面	
		贯穿性裂缝			不允许	不允许	
		非贯穿性裂缝	最大投影尺寸长度		≤10	≤15	
			累计条数（投影尺寸长度≤2mm不计）		≤1	≤2	
		缺棱掉角	沿所在棱边垂直方向投影尺寸的最大值（mm）		≤3	≤10	
			沿所在棱边方向投影尺寸的最大值（mm）		≤10	≤20	
			累计个数（三个方向投影尺寸的最大值≤2mm不计）		≤1	≤2	
3	粘皮与缺损	深度≥1mm的最大投影尺寸（mm）	透水路面砖		≤8	≤10	
			透水路面板		≤15	≤20	
		累计个数（投影尺寸长度≤2mm不计）	1mm≤深度≤2.5mm		≤1	≤2	
			深度>2.5mm		不允许	不允许	
4	砖抗折强度/板劈裂抗拉强度	平均值（MPa）			≥4.0		
		单块最小值（MPa）			≥3.2		
5	渗水系数（cm/s）（渗水等级A级）				≥2.0×10^{-2}		

2. 混凝土路面砖检验

（1）组批规则

每批混凝土路面砖应为同一类别、同一规格、同一强度等级，铺装面积 3000m² 为一批量，不足 3000m² 亦可按一批量计。

（2）抽样方法

1）随机抽样。

2）外观质量采取正常检验二次抽样方案。每批随机抽取能组成约 1m² 铺装面数量的透水块材进行颜色、花纹检验。

3）尺寸允许偏差检验采取正常检验一次抽样方案。

4）强度等级和物理性能检验应从外观质量与尺寸偏差检验合格的试件中抽取。

（3）抽样数量

1）外观质量检验抽取数量 50 块。

2）尺寸允许偏差检验抽样数量 20 块。

3）强度等级试验每组 10 块试件。

4）物理性能试验抗冻性能检验每组抽 10 块试件，其他性能检验每组抽 5 块试件。

（4）检验标准

混凝土路面砖检验性能标准见表 10.2-2。

混凝土路面砖检验性能标准

表 10.2-2

序号	检测项目	性能标准
1	外观质量（mm）	铺装面粘皮或缺损的最大投影尺寸≤ 5
		铺装面缺棱掉角的最大投影尺寸面层非贯穿性裂纹最大投影尺寸≤ 5
		平整度≤ 2.0
		垂直度≤ 2.0
2	尺寸偏差（mm）	长度偏差（±2.0）
		厚度偏差（±2.0）
		宽度偏差（±2.0）
		厚度差≤ 2.0
3	抗折强度 / 抗压强度（MPa）	平均值≥ 4.00
		平均值≥ 40.0
		单块最小值≥ 3.20
		单块最小值≥ 35.0

3. 生态护坡和干垒挡土墙用混凝土砌块检验

（1）组批规则

以同一原材料、同一生产工艺、同一类别、同一质量指标的 30000 ~ 50000 块产品为一批，不足 30000 块亦按一批计算。

（2）抽样方法

1）每批次随机抽取 32 块做外观质量、尺寸偏差检验。进行颜色和花纹检验时，试样砌块数量应能够满足垒砌不少于 $1m^2$ 的干垒挡墙。

2）从外观质量和尺寸偏差检验合格的产品中，再抽取规定数量的产品进行其他性能检验。

（3）抽样数量

1）强度等级检验采用"取芯法"，抽 6 块。

2）采用"回弹法"，抽 10 块。

3）干密度等级和吸水率检验，抽 3 块。

4）抗冻性及抗盐冻性检验，抽 5 块。

5）软化系数检验，抽 5 块。

（4）检验标准

生态护坡和干垒挡土墙用混凝土砌块检验性能标准见表 10.2-3。

生态护坡和干垒挡土墙用混凝土砌块检验性能标准　　　　　　表 10.2-3

序号	检测项目		性能标准
1	外观质量（mm）	裂纹	不允许出现裂缝宽度大于 0.2mm 或投影长度超过 5mm 的可见裂纹
		缺棱掉角	两个方向投影尺寸的最小值不大于 5mm，两个方向投影尺寸的最大值不大于 10mm，大于以上尺寸的缺棱掉角个数，不多于 0 个
2	尺寸偏差（mm）		同一批次干垒砌块（SRW）的实际高度，其尺寸极差值应不大于 2mm
			长、宽、高（厚）的实际尺寸或块体产品外观形状任何一条棱线尺寸，与所对应块体产品设计尺寸的允许偏差值应不大于 2mm
3	抗压强度（MPa）		平均值 ≥ 30.0
			单块最小值 ≥ 24.0
4	吸水率（%）		≤ 6.0
5	干密度等级（kg/m²）		≥ 2100

4. 装饰混凝土砌块检验

（1）组批规则

以用同一批原材料、同一生产工艺生产的同一强度等级和花色品种的 5000 块装饰砌块为一批，不足 5000 块亦按一批计。

（2）抽样方法

1）每批随机抽取 50 块进行尺寸偏差、外观质量、颜色和花纹检验。

2）从尺寸偏差和外观质量检验合格的装饰砌块中抽取规定数量的产品进行其他项目检验。

（3）抽样数量

1）强度等级检验，抽 5 块。

2）干缩率检验，抽 3 块。

3）相对含水率检验，抽 3 块。

4）抗冻性检验，抽 10 块。

5）抗渗性检验，抽 3 块。

6）软化系数检验，抽 10 块。

7）放射性检验，抽 3 块。

（4）检验标准

装饰混凝土砌块检验性能标准见表 10.2-4。

装饰混凝土砌块检验性能标准

表 10.2-4

序号	检测项目			性能标准
1	外观质量（mm）	弯曲		不大于 2mm
		裂纹	装饰面	裂纹延伸的投影长度累计不超过长度尺寸的 5.0%
			其他面	条数不多于 1 条
		缺棱掉角	装饰面	长度不超过边长的 1.5%
				棱个数不多于 1 个
				相邻两边长度不超过边长的 0.77%
				角个数不多于 1 个
			其他面	长度不超过边长的 5.0%
				棱角个数不多于 2 个
2	尺寸偏差（mm）			长度偏差（±2），高度偏差（±2），宽度偏差（±2）
3	抗折强度（MPa）			平均值≥ 10.0
				单块最小值≥ 8.0
4	相对含水率（%）			≤ 35

5. 植草砖检验

（1）组批规则

每批植草砖应为同一类别、同一规格、同一等级，每 5000 块为一批，不足 5000 块亦按一批计。

（2）抽样方法

1）物理力学性能检验的试件，按随机抽样法从外观质量及尺寸偏差检验合格的试件中抽取 28 块试件（其中 5 块备用）。

2）物理力学性能试验试件的龄期为不少于 28d。

（3）抽样数量

尺寸偏差和外观质量检验的试件，按随机抽样法抽取 32 块试件。

（4）检验标准

植草砖检验性能标准见表 10.2-5。

植草砖检验性能标准   表 10.2-5

序号	检测项目		性能标准			
1	外观质量（mm）	裂纹	裂纹延伸的投影累计尺寸	优等品	一等品	合格品
				0	≤ 20	≤ 30
		缺棱掉角	个数	0	≤ 2 个	≤ 2 个
			3 个方向投影的最小值	0	≤ 20	≤ 30
2	尺寸偏差（mm）		长度偏差（±2）			
			高度偏差（±2）			
			宽度偏差（±2）			
			最小外壁厚和肋厚≥ 30			
3	抗折强度（MPa）		平均值≥ 10.0			
			单块最小值≥ 8.0			
4	吸水率（%）		≤ 8.0			

10.3   市政构件生产线

10.3.1   钢筋原材检验

（1）普通钢筋应符合《钢筋混凝土用钢 第 1 部分：热轧光圆钢筋》GB 1499.1—2024、《钢筋混凝土用钢 第 2 部分：热轧带肋钢筋》GB 1499.2—2024、《钢筋混凝土用余热处理钢筋》GB/T 13014—2013、《冷轧带肋钢筋》GB 13788—2024 的规定。

（2）钢筋原材料进场前应具备出厂证明书、产品合格证及材料清单。钢筋应无损伤，表面不得有裂纹、油污、颗粒状或片状老锈。

（3）钢筋原材料进场后在监理或业主的见证下按每批次不超过 60t 为一批进行取样检测，检测合格后方可用于钢筋半成品制作。

10.3.2   钢筋半成品制作

（1）钢筋下料应按项目技术人员下达的钢筋下料单，对钢筋进行切断加工，下料前必须熟悉下料清单，对钢筋下料变更的应及时了解，并对变更做出明显标识。

（2）钢筋下料时应尽量去掉钢材外观有缺陷的地方。钢筋下料长度误差为±10mm，切断刀口平齐，两端头不应弯曲。

（3）钢筋弯弧应严格按设计图纸要求，并按技术人员下达的钢筋弯弧作业表对钢筋进行弯弧加工。

（4）钢筋料堆放过程中一定要按照先后顺序堆放钢筋，每个型号的钢筋都应挂上标牌，标牌上面应注明钢筋强度等级、钢筋大小、数量，堆放时，不同强度等级的钢筋要用方木隔开。

10.3.3　钢筋骨架制作

（1）钢筋骨架焊接采用二氧化碳气体保护焊焊接成型，严格控制焊接质量。焊缝不得出现咬肉、气孔、夹杂现象。

（2）钢筋的焊接按设计规定和《钢筋焊接及验收规程》JGJ 18—2012 施工，焊缝符合规范要求，焊接□□□□□□□及焊渣清除干净。

（3）骨架首先必□□□□□□□□□格后方可批量下料焊接成型及制作，所有钢筋交叉点都进行□□□□

（4）焊接时焊□□□□□□□□□□□□口要牢固，焊缝表面不允许有气孔及夹渣，或者焊□□□□□□□□□□□接及验收规程》JGJ 18—2012 中的有关规定。

10.3.4　钢筋□□

（1）钢筋□□□□□□□□□□□符合设计规定。

（2）半□□□□□□□□□□装时，宜设置专用胎架或卡具等进行辅助定位，安□□□□□□□□□及防止变形的措施。

（3）□□□□□□□□□要在其间隔处设立一定数量的架立钢筋或短钢筋□□□□□□□□得伸入混凝土保护层内。

（4□□□□□□□□体方式安装时，宜设置专用胎架或卡具等进行辅助□□□□□□□□整体刚度及防止变形的措施。

□□□□□□□□构本体混凝土的强度，并应有足够的密实性。

10□□

□□□□□□□□先侧板、端板再底板，先中间后四周。

□□□□□□□钢丝球和专用抹布清除模具内所有剩余杂物及混凝土□□□□□□□角接触无杂物。

□□□□□□□块、端模调节块等。

□□□□□□行喷涂，喷涂时要求薄而匀，并且无积油、无流淌现象。

□□□□□□喷涂两遍隔离剂，以防止粘模现象的发生。

□□□□□□凸榫槽、模板夹角等细部节点处进行仔细涂抹，避免漏涂。

10.3.6　钢筋笼安装

（1）钢筋笼吊装前应对骨架及吊具进行检查，确认无误后开始安装吊具吊装。

（2）钢筋笼安装完保护层支架后，吊装操作人员使用龙门吊配合专用吊具把钢

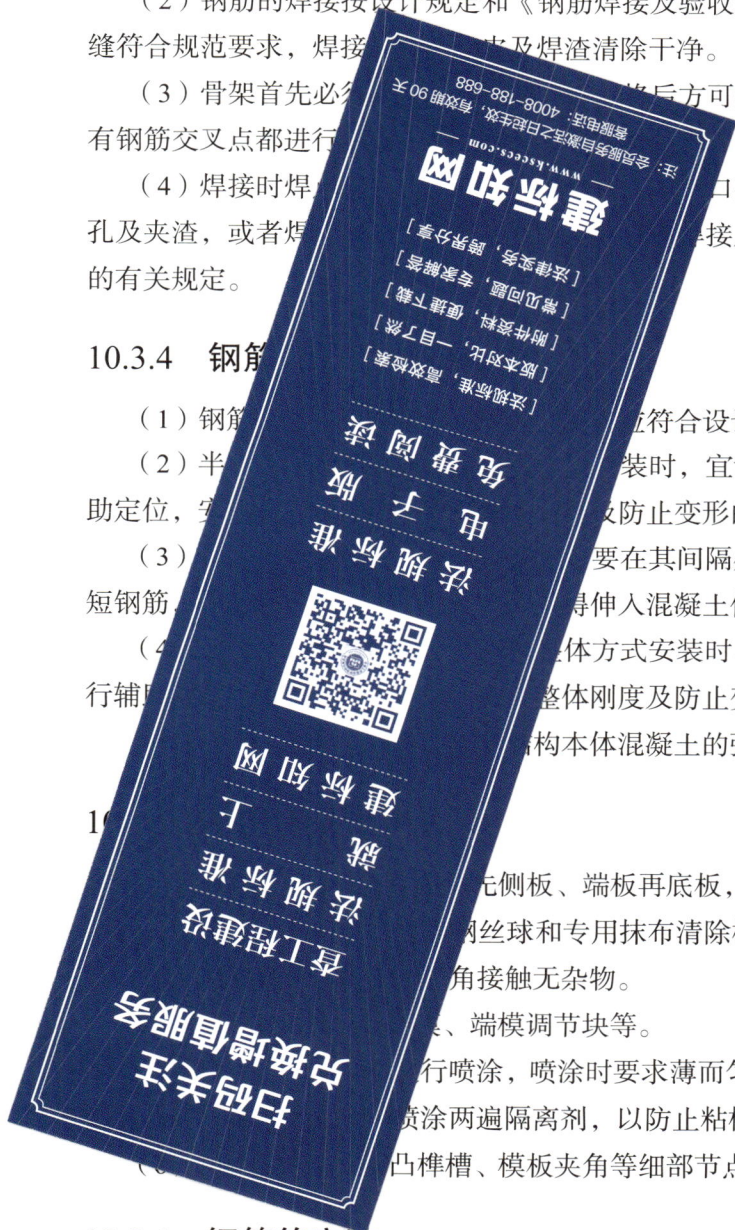

筋笼吊入模具内。

（3）模具组装完成后，对钢筋笼保护层进行调整，严禁用铁器直接与模板接触撬动，使用铁器必须用碎布进行包裹或使用木棍进行撬动，以免对模具造成损伤。

（4）对于入模过程中损坏的支架或垫块必须进行更换，支架垫起后，严禁出现歪斜、支护不到位等现象。

10.3.7　混凝土浇筑

（1）应根据待浇筑结构物的情况、环境条件及浇筑量等制定合理的浇筑工艺方案，方案应对施工缝设置、浇筑顺序、浇筑工具、防裂措施、保护层的控制等作出明确规定。

（2）混凝土一般是分层浇筑，但为使上下层成为整体，避免形成冷接缝，浇筑上层时，插入式振捣棒需要伸入到下一层的一定深度。

（3）混凝土浇筑工作结束后，待混凝土稳定后方可掀开模具盖板进行粗平收面，必须把模具边沿的混凝土残渣清理干净，填充混凝土在振捣时产生的气泡孔和空隙。

（4）收面分为粗、中、精三个程序进行。

10.3.8　拆模养护

（1）非承重侧模板应在混凝土抗压强度达到 2.5MPa，且能保证其表面及棱角不因拆模而受损坏时，方可拆除。

（2）模板和预留孔道的内模，应在混凝土强度能保证其表面不发生塌陷或裂缝现象时，方可拆除。

（3）模板、支架的拆除应遵循后支的先拆、先支的后拆。

（4）混凝土浇筑完成后，应在其收浆后尽快予以覆盖，并洒水保湿养护，覆盖时，不得损伤或污染混凝土表面。

（5）在低温、干燥或大风环境下拆除模板时，应采取必要的覆盖、保温等措施，防止混凝土表面产生裂缝。

10.3.9　构件质量检验

（1）所生产的构件按其现行的国家规范、地方标准进行成品的质量检验，若无专用规范，则按照《混凝土结构工程施工质量验收规范》GB 50204—2015 进行。

（2）隐蔽工程检查验收记录应该齐全，其检验批的划分应符合方案及相应规范规定。

（3）检验合格的产品出具产品合格证。

第 11 章
信息化建设标准

构件厂应以"智脑中心"为核心，以智能计划排产、智能生产协同、智能设备联通、智能资源管理、智能质量管控、智能数据分析的六维智能为管理理念，通过智脑中心、车间控制系统、终端设备三级联动，打造生产全流程可管控、可追溯的数智化平台，实现"智"造工厂进度、质量、安全，可视，可控，可追溯。

11.1 智脑中心及信息化系统概述

11.1.1 智脑中心作用

智脑中心是通过信息化管理系统的应用实现数据集成、智能分析、实时监控、指令发布等的一个中枢。智脑中心的设备配置应满足各类系统及应用的运行，智脑中心面积应能满足厂区各类参观及小型会议的需求。

11.1.2 信息化管理平台简述

信息化管理平台搭建在阿里云服务器，是一套能同时满足盾构管片、PC 构件、市政桥梁构件（规划中）三大混凝土预制构件信息化的 SAAS 平台，平台以建设构件生产和质量管控数字化为业务核心，并拓展至物料、成本、运输、设备、考勤、测温、安全等子系统；融合 RFID、IOT、5G、二维码、PLC 等自动化信息采集与传输技术，研发设计流水线/蒸养窑/水养池/堆场/视频监控/人脸测温等采集系统，实时对接钢筋生产线、搅拌站、地磅等第三方业务系统，提升产品质量数据的真实性、全面性；通过研发大屏监视、BIM 可视化的大数据智脑中心、微信公众号信息推送中心，将预制工厂真正建设成为具有数据采集自动化、生产管理智能化的智慧工厂。

11.2 信息化管理系统建设标准

11.2.1 信息化管理系统框架

信息化管理系统应包含业务层、基础层、数据层、采集层四个层面，涵盖厂区各项业务。信息化管理系统框架图见图 11.2-1。

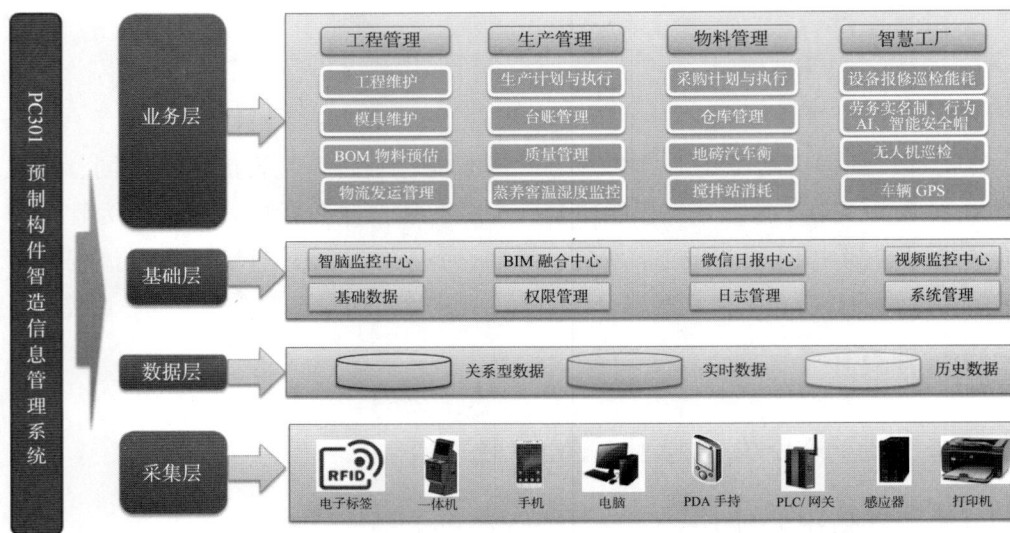

图 11.2-1 信息化管理系统框架图

11.2.2 信息化管理系统管理模式

通过信息化技术赋予每个预制构件唯一身份证（RFID+ 二维码 +NFC），监控生产的每一个环节，智能采集生产质量数据，有效提升产品质保资料组织效率，加强产品质量管控和追溯。系统提供大数据 + BIM + 公众号分析功能，协助领导进行决策分析、作业调度。信息化技术的应用，也将提高企业在混凝土预制构件产业中的市场竞争力。

11.2.3 信息化管理系统界面管理

通过安装的 Web 网页形式，管理所有与本系统有关的信息化数据和各类报表，及时有效制作构件出厂清单、出厂合格证等单据。

应主要包含四大核心模块：

功能区一：基础数据维护。

功能区二：管片工程管理。

功能区三：管片生产管理。

功能区四：辅助性数字化工厂（成本 / 物料 /BIM/ 设备 / 车辆 / 视频 / 安全帽……）。

生产环节实现了全程的信息化综合控制，保障了生产线的高效、快速、稳定运转，同时，通过大量自动化、便捷化采集设备的应用，强化了工作节拍，实现了流转优化，极大地提升了生产线的自动化水平，摆脱了人工依赖。

11.2.4　信息化管理系统数据采集

1. RFID+ 智能终端 PDA 数据采集

从钢筋笼加工开始，通过员工 RFID 卡识别的方式，自动识别焊接人员，点选基本属性（工程名称、工序人员、身份证号、类型、型号、监理等），打造标签二维码及 RFID 标签，为管片全生命周期管理确立唯一身份标识牌。

生产过程中，通过读取管片标识牌，获得管片档案信息，完成脱模工序采集（含大气温度、表面温度、脱模强度、拆模人员、起吊人员等），打印制作管片二维码（RFID）成品身份证，并张贴。读取构件二维码（RFID）身份证，完成水养、堆场、出厂等采集作业。如：水温、pH、表面温度、起吊人员、堆场位置、堆场人员、安装位置、装车车辆、出厂人员等。必要时可将构件档案写入芯片，在无网络信号环境下继续对全生命周期管理。

2. 温湿度数据采集

通过对蒸养窑安装温湿度感应探头，完成大气、蒸养窑、水养池的温度、湿度、水温、pH 的自动采集。配合其他子系统为各工序提供绑定数据，并自动生成温湿度曲线图、仪表图、移动端查询，方便监理及业主进行生产监督。

11.2.5　信息化管理系统生产管理

1. 工程管理

系统对整体工程业务基础数据进行维护，通过维护好的工程各类型 / 型号的需求量及 BOM 结构，方便生产过程进行排产编辑，实现工程及生产任务单的物料需求量自动预估，仓库中心结合物料库存提前制订采购计划与催收货管理。工程发货计划的制定，提前通知运输部门实现车辆预排和 GPS 定位跟踪，同时跟踪管片送达情况。

2. 技术交底

钢筋技术交底、管片预制技术交底、管片修补技术交底、施工方案、检验标准等技术文件统一管理，并实现二维码扫描查阅。

3. 信息预警

系统对工程生产过程中的各类信息进行智能化分析，通过大数据分析对设备运行情况、生产线各环节的运行情况、蒸养温度控制情况、水养池温度等进行自动预警，并通过公众号与大屏等方式通知到具体项目负责人形成闭环管理。

4. 生产过程管理

钢筋笼、构件按年、季、月、日制作生产任务排产，按照生产任务实时跟踪管片生产台账、质检报告、试验室报告、混凝土配合比、环境数据，同时根据任务单进行生产物料需求预估，结合库存提前安排采购任务。

5. BIM 协同管理

利用 BIM 技术对产区设备、构件进行精细化建模，轻量化处理并与信息化管理平台融合，通过模型的不同颜色呈现不同生产进度或工作状态，实现对构件生产、质量、进度等进行三维图形化管理，直观体现生产全过程。利用 BIM 可视化，将构件生产全流程数据、所在工序、储放位置实时反馈，实现数字孪生。例如：

（1）BIM 模型堆场可视化管理，实时动态展示堆场构件存储量、存储位置、点击获取构件所有工序生产数据及质量检验数据、以颜色变化直观展现已达 28d 养护期的构件；实现摄像头视频联动；调取龙门吊档案及报修维修信息。

（2）BIM 模型水养池可视化管理，实时动态展示水养池构件水养量、水养位置、点击获取构件所有工序生产数据及质量检验数据、以颜色变化直观展现已达 7d 养护期的构件；实现摄像头视频联动；调取龙门吊档案及报修维修信息。

（3）BIM 模型生产线可视化管理，实时刷新工位模具档案、使用次数；实时刷新工位管片档案、工序信息。

6. 数据分析及数据追溯

（1）系统数据运算分析，通过智脑中心形成可视化图表，大数据分析后的可视化管理，方便领导决策与现场监督，同时满足监理单位和业主，主动了解生产基本情况。

（2）系统可通过预制构件二维码追溯、RFID 追溯、NFC 追溯等方式，实现预制构件档案、工序信息、检验记录、检验现场照片、配合比信息、原材料质检报告书、检验报告书等过程资料的溯源与查看。

11.2.6　信息化管理系统工厂管理

1. 工人管理

工人管理系统针对厂区所有人员进行管理，实现厂区所有产业工人及管理人员的动态信息跟踪及考核，工人管理贯穿由培训、上岗及退场全阶段的信息管理。系统引入"库化"概念，将其应用于"问题库""奖励库""证书库""整改措施库"等建设过程中，不仅注重各类问题或奖励的结果，也注重问题相应的整改措施。

2. 物料仓储管理

平台对接无人地磅入库物料、搅拌站原料消耗、钢筋加工车间上料数据，实现入出库物料自动采集、自动增扣库存、自动库存预警、自动计算工程实际用料成本，做到自动化、智能化。

11.2.7 信息化管理系统辅助功能

1. 监控管理

以厂区总体 BIM 模型为依托，查找视觉盲区，并安装监控摄像，通过监控摄像、无人机等设备实时将现场情况反馈至数字化平台。在平台中添加安全识别功能，自动识别现场安全隐患，并及时警示提醒，确保现场安全文明施工。

2. 环境监测

综合运用 IoT、大数据和云计算技术，监测噪声、扬尘、$PM_{2.5}$、PM_{10}、风速风向、温度湿度等环境因素，同时智能联动除尘设备等进行环境治理，实现绿色工厂、生态工厂的目标。

3. 信息推送

系统将数据定期或按条件推送给相关人员，实现数据的时效性。主要推送信息如下：

（1）生产日报推送

钢筋笼生产日报、构件生产日报、构件发送日报、蒸养窖 / 水池温湿度日曲线、劳务队出勤、异常记录。

（2）生产异常推送

检验不合格、构件报修、报废、温湿度不达标。

（3）设备异常推送

重要设备未开机、设备报修、巡检不合格。

（4）安全异常推送

未戴安全帽、风力大。

4. 人脸体温识别

人脸体温信息与产业工人相关联，通过人脸识别，保证厂区内每位工人都培训合格且体温正常，并自动将出入数据汇总至信息化管理系统。

5. 电子沙盘系统

在智脑中心设立电子沙盘系统，将产品和应用场景相结合，使产品介绍更加直观。电子沙盘系统将图像、动画、解说、音乐等多种元素很好地融合在一起，采用触摸屏、电脑红外、遥控等先进的、简便的、快捷的操控手段，以多媒体解说为主线，使设计方案、表现效果图、三维模拟动画与实体模型产生相互对应。